世界银行贷款
中国经济改革促进与能力加强技术援助项目(TCC6)
中国城市社区居家适老化改造标准研究 子项目

中国城市社区居家适老化改造实施指南

Guidelines for the Renovation of Age-friendly Residential Buildings and Urban Communities in China

住 房 和 城 乡 建 设 部 标 准 定 额 司
住房和城乡建设部科技与产业化发展中心　编著
中 国 建 筑 设 计 研 究 院 有 限 公 司

U0172614

中国建筑工业出版社

图书在版编目（CIP）数据

中国城市社区居家适老化改造实施指南 =
Guidelines for the Renovation of Age-friendly
Residential Buildings and Urban Communities in
China / 住房和城乡建设部标准定额司，住房和城乡建设
部科技与产业化发展中心，中国建筑设计研究院有限公司
编著 . —北京：中国建筑工业出版社，2021.10
ISBN 978-7-112-26808-5

Ⅰ . ①中… Ⅱ . ①住… ②住… ③中… Ⅲ . ①老年人
住宅—旧房改造—中国—指南 Ⅳ . ①TU241.93-62

中国版本图书馆 CIP 数据核字（2021）第 212196 号

责任编辑：田立平 费海玲
责任校对：王 烨

中国城市社区居家适老化改造实施指南
Guidelines for the Renovation of Age-friendly Residential Buildings and Urban Communities in China
住 房 和 城 乡 建 设 部 标 准 定 额 司
住房和城乡建设部科技与产业化发展中心 编著
中 国 建 筑 设 计 研 究 院 有 限 公 司
*
中国建筑工业出版社出版、发行（北京海淀三里河路 9 号）
各地新华书店、建筑书店经销
逸品书装设计制版
临西县阅读时光印刷有限公司印刷
*
开本：889 毫米×1194 毫米 1/20 印张：7⅓ 字数：188 千字
2021 年 10 月第一版 2021 年 10 月第一次印刷
定价：**78.00** 元
ISBN 978-7-112-26808-5
（38640）

党中央、国务院高度重视社区居家养老工作，将城市社区居家养老的适老化改造作为改善民生的重要任务之一。2021年3月，《中华人民共和国国民经济和社会发展第十四个五年规划和2035远景目标纲要》正式批准发布，第四十五章指出"实施积极应对人口老龄化国家战略"，将积极应对人口老龄化工作提升到国家战略高度，要求完善社区居家养老服务网络，推进公共设施适老化改造，进一步突出了城市社区居家适老化改造工作的重要性。

住房和城乡建设部根据党中央、国务院部署积极推动社区居家养老设施建设，出台一系列政策，组织制定、修订相关标准规范，开展专项课题研究工作。

在政策制定方面，2020年7月，推动出台《关于全面推进城镇老旧小区改造工作的指导意见》（国办发[2020]23号），提出大力改造提升城镇老旧小区，改善居民居住条件，将"改造或建设小区及周边适老设施、无障碍设施""有条件的楼栋加装电梯"列为完善类改造内容。

2020年7月，会同民政部、国家发展改革委、财政部等9部委联合印发《关于加快实施老年人居家适老化改造工程的指导意见》（民发[2020]86号），贯彻落实党中央、国务院部署要求，以需求为导向，推动各地改善老年人居家生活照护条件，增强居家生活设施安全性、便利性和舒适性，提升居家养老服务质量。

2020年11月，会同国家发展改革委、民政部、国家卫生健康委等6部委联合印发《住房和城乡建设部等部门关于推动物业服务企业发展居家社区养老服务的意见》（建房[2020]92号），要求推动和支持物业服务企业积极探索"物业服务+养老服务"模式，切实增加居家社区养老服务有效供给，更好地满足老年人的实际生活需求。

在标准制定、修订方面，住房和城乡建设部不断完善养老服务设施专用标准。2018年3月，发布《老年人照料设施建筑设计标准》JGJ 450—2018，针对老年人照料设施的基地选址、总平面布局与道路交通、建筑设计、建筑设备等内容提出建设要求。2019年11月，发布《养老服务智能化系统技术标准》JGJ/T 484—2019，对居家养老、社区养老智能化系统提出配置要求。此外，还积极出台与老年人密切相关的通用标准，2021年9月，发布国家标准《建筑与市政工程无障碍通用规范》GB 55019—2021，要求无障碍设施的建设和运行维护应满足残疾人、老年人等有需求的人使用，消除他们在社会生活上的障碍。在《城市居住区规划设计标准》GB 50180—2018、《建筑设计防火规范》GB 50016—2014等技术标准中对所涉及的养老服务设施建设内容都提出了明确的指标要求。

在专项课题研究方面，2020年3月，财政部国合司与住房和城乡建设部标准定额司签订世界银行贷款中国经济改革促进与能力加强技术援助项目（TCC6）"中国城市社区居家适老化改造标准研究"子项目执行协议。该项目主要是为了提出我国城市社区居家适老化改造标准，指导各地老旧小区开展社区居家适老化改造的设计、施工和验收工作，同时编制中国城市社区居家适老化改造实施指南和典型案例集，支撑城市社区居家适老化改造各项政策能够得到较好地贯彻落实。项目紧密围绕"人口老龄化""城

中国城市社区居家适老化改造
实施指南 | Guidelines for the Renovation of
Age-friendly Residential Buildings and Urban Communities in China

镇老旧小区改造"等中国社会发展的重点方向，从立项到完工完全符合国家发展规划和重点改革议程，产出了一系列研究成果，进一步促进了行业发展，满足了老年人多样化、多层次的养老服务需求。

本书是世界银行贷款中国经济改革促进与能力加强技术援助项目（TCC6）"中国城市社区居家适老化改造标准研究"子项目研究成果之一。研究内容基于中国建筑设计研究院适老建筑实验室多年以来在老年人环境行为学方面的数据积累，结合中国建筑设计研究院有限公司主持的"十二五"国家科技支撑计划课题中对全国老龄化率较高的12个城市的100个社区、"十三五"国家重点研发计划课题中对全国29个城市的109个社区所进行的老年人居住实态调研及需求研究，以及在本子项目研究中针对全国已开展改造的10个城市中50个社区的改造效果专项调研，以期为中国城市社区居家适老化改造提供参考。

由于编制组对城市社区居家适老化改造的研究仍在继续，基于目前认识和思考提出的改造技术和策略难免有不足之处，还望广大读者不吝赐教、多多指正。

编委会

2021年9月30日

CONTENTS | 目录

Table of Contents

6

7

CHAPTER 1

概　述

中国城市社区居家适老化改造
实施指南 | Guidelines for the Renovation of
Age-friendly Residential Buildings and Urban Communities in China

项目背景

    在"积极应对人口老龄化""健康中国"等国家战略的引领下，国家陆续出台了《关于全面推进城镇老旧小区改造工作的指导意见》（国办发[2020]23号）、《关于加快实施老年人居家适老化改造工程的指导意见》（民发[2020]86号）、《关于推动物业服务企业发展居家社区养老服务的意见》（建房[2020]92号）等一系列政策，强调加强老年人宜居环境建设，倡导推进老旧小区综合整治同步实施适老化改造。

    社区居家适老化改造不仅是一项社会福利举措，也是带动老年产业发展，激发"银发经济"繁荣的新动力。在"双碳"目标背景下的城市更新与城市社区建设中，居家适老化改造对工程技术以及产品生产提出了新的综合性的要求。为加快推进城市社区适老环境建设，应探索低成本、高效率、低碳化、适应老龄化社会社区建设与可持续发展的改造方法和技术措施，助力我国相关政策的贯彻落实。

    本实施指南详细说明了从室外公共空间、楼栋公共空间、住宅套内空间、社区服务设施等方面的适老化改造技术建议和措施，可用于：（1）指导既有居住区室外道路、绿地等相关空间及设施的适老化改造；（2）指导有条件的既有多层住宅加装电梯并开展楼栋公共空间适老化改造；（3）指导有需求的老年人家庭开展居家适老化改造；（4）合理利用社区闲置建筑补充完善老年人生活服务设施及养老服务设施，有效满足老年人居家养老需求。

1.2
总体原则

◆ 总体原则

1. 安全社区：充分保障老年人生活及出行安全，降低环境伤害风险。
2. 品质社区：深入挖掘老年人共性与特性需求，营造健康宜居的高品质环境。
3. 文化社区：创新传承社区文化内涵，塑造特色空间，提升社区整体风貌。
4. 智慧社区：科学植入智慧化手段，打造高效便利的适老生活。

◆ 实施指引

1. 坚持以人为本，把握改造重点

从人民群众最关心、最直接、最现实的利益问题出发，征求居民意见并合理确定改造内容，推动建设安全健康、设施完善、管理有序的完整居住社区。

2. 坚持因地制宜，做到精准施策

科学确定改造目标，既尽力而为又量力而行；合理制定改造方案，体现社区特点。

3. 坚持居民自愿，调动各方参与

激发居民参与改造的主动性、积极性，充分调动社区关联单位和社会力量支持、参与改造，实现决策共谋、发展共建、建设共管、效果共评、成果共享。

4. 坚持保护优先，注重历史传承

兼顾完善功能和传承历史，落实历史建筑保护修缮要求，保护历史文化街区，在改善居住条件、提高环境品质的同时，展现城市特色，延续历史文脉。

5. 坚持建管并重，加强长效管理

以加强基层党建为引领，将社区治理能力建设融入改造过程，促进社区治理模式创新，推动社会治理和服务重心向基层下移，完善长效管理机制。

1.3
内容框架

　　本实施指南结合建筑设计、室内设计、结构设计、机电设备、风景园林、市政工程等多专业领域，分为室外公共空间适老化改造、楼栋公共空间适老化改造、住宅套内空间适老化改造、社区服务设施适老化改造以及特色空间改造5个板块，为城市社区居家适老化改造提供技术指引。

图 1.3.1　内容框架

本实施指南中的城市社区居家适老化改造要素分为5个板块、23个分类。各地可因地制宜确定改造内容清单。

城市社区居家适老化改造体系　　　　　　　　　　　　　　　表1.3.1

板块	类别	要素
室外公共空间	交通系统	居住区出入口；机动车道；步行道；机动车停车场（位）；非机动车停车棚（位）
	活动空间	健身空间；娱乐空间；休憩空间；室外风雨廊
	植物景观	环境调节型植物配置；行为互动型植物配置；感官交互型植物配置；记忆识别型植物配置；心理疗愈型植物配置
	辅助设施	休憩设施；服务设施；绿色雨水基础设施；信息标识
楼栋公共空间	出入口	平台；台阶；坡道；扶手；雨篷；照明
	门厅	适老化设施；照明
	楼电梯间	楼梯；踏步；扶手；楼层门牌标识
	加装电梯	加装电梯策略；电梯出入口；电梯要求
住宅套内空间	套型	空间布局
	通用改造	高差处理；防滑处理
	入户过渡空间	换鞋凳及鞋柜；安装门铃及门锁；灯光照明
	起居室（厅）	空间布局；电源插座；适老家具配置
	卧室	空间布局；配置床旁辅助设施；灯光照明
	厨房	空间布局；台面改造；安装吊柜；报警器设置
	卫生间	扶手设置；台面改造；浴缸/淋浴改造；蹲便器改坐便器；报警器设置
	阳台（露台）	可升降晾衣杆；种植空间
	智能化应用	智能化设备
社区服务设施	社区老年服务设施	室外场地；公共活动空间；交通空间；老年人居室
	社区卫生服务设施	医疗服务空间；卫生间；交通空间
	社区公共厕所	交通空间；卫生间
	社区便民服务设施	交通空间；建筑界面
特色空间改造指引	公共空间特色营造	社区文化；人文关怀
	文化艺术特色改造	历史特征；文化内涵

CHAPTER 2

流程与方法

中国城市社区居家适老化改造
实施指南 ┃ Guidelines for the Renovation of
Age-friendly Residential Buildings and Urban Communities in China

2.1
流程指引

针对社区适老化改造：

实施流程可以分为：调研评估、方案编制、意见征询、建设实施以及管理维护五个阶段。各阶段均有明确的目标和责任主体。规划师、建筑师和社区居民宜一起全流程参与，在上述五个阶段中应充分体现社区规划与社区自治、公众参与的紧密有效结合。

在社区适老化改造过程中需注意以下几点：

1.首先要开展现状情况调研，做好城市社区居家适老化改造前期的必要工作。

2.通过一系列的实地调研，登记、收集社区公共部分和建筑现状基础数据，为改造方案制定提供客观依据。

3.社区适老化改造应依据建筑环境和使用者两个方面的评估结果，确定设计方案。

图2.1.1　社区适老化改造实施流程

针对居家适老化改造：

民政部、国家发展改革委、财政部、住房和城乡建设部、国家卫生健康委、银保监会、国务院扶贫办、中国残联、全国老龄办等9部委联合印发《关于加快实施老年人居家适老化改造工程的指导意见》（民发[2020]86号，以下简称《指导意见》）。《指导意见》贯彻落实党中央、国务院部署要求，以需求为导向，推动各地改善老年人居家生活照护条件，增强居家生活设施安全性、便利性和舒适性，提升居家养老服务质量。

对政府支持保障的特殊困难老年人家庭居家适老化改造，省级民政部门会同相关部门细化工作程序，因地制宜确定改造对象申请条件。改造对象家庭应对拟改造住房拥有产权或者长期使用权，拟改造的住房应符合质量安全相关标准，具备基础改造条件，且没有纳入拆迁规划，已进行贫困重度残疾人家庭无障碍改造的不再重复纳入支持保障范围。县级民政等部门委托专业机构科学评估改造对象家庭改造需求，依据评估结果确定改造方案，明确具体改造项目、改造标准和补助方式等内容，按照政府采购法律制度规定择优确定改造施工机构，经老年人或者其监护人签字确认后组织实施。改造完成后，组织专业力量进行竣工验收，并做好相关费用结算和资金拨付。

图2.1.2　家庭居家适老化改造实施流程

民政部、住房和城乡建设部等9部委依据现行政策法规和相关标准规范，围绕施工改造、设施配备、老年用品配置等方面，制定老年人居家适老化改造项目和老年用品配置推荐清单（表2.1.1）。

老年人居家适老化改造项目和老年用品配置推荐清单　　　　　　　　表2.1.1

序号	类别	项目名称	具体内容	项目类型
1	地面改造	防滑处理	在卫生间、厨房、卧室等区域，铺设防滑砖或者防滑地胶，避免老年人滑倒，提高安全性	基础
2		高差处理	铺设水泥坡道或者加设橡胶等材质的可移动式坡道，保证路面平滑、无高差障碍，方便轮椅进出	基础
3		平整硬化	对地面进行平整硬化，方便轮椅通过，降低风险	可选
4	门改造	安装扶手	在高差变化处安装扶手，辅助老年人通过	可选
5		门槛移除	移除门槛，保证老年人进门无障碍，方便轮椅进出	可选
6		平开门改为推拉门	方便开启，增加通行宽度和辅助操作空间	可选
7		房门拓宽	对卫生间、厨房等空间较窄的门洞进行拓宽，改善通过性，方便轮椅进出	可选
8		下压式门把手改造	可用单手手掌或者手指轻松操作，增加摩擦力和稳定性，方便老年人开门	可选
9		安装闪光振动门铃	供听力视力障碍老年人使用	可选
10	卧室改造	配置护理床	帮助失能老年人完成起身、侧翻、上下床、吃饭等动作，辅助喂食、处理排泄物等	可选
11		安装床边护栏（抓杆）	辅助老年人起身、上下床，防止翻身滚下床，保证老年人睡眠和活动安全	基础
12		配置防压疮垫	避免长期乘坐轮椅或卧床的老年人发生严重压疮，包括防压疮坐垫、靠垫或床垫等	可选
13	如厕洗浴设备改造	安装扶手	在如厕区或者洗浴区安装扶手，辅助老年人起身、站立、转身和坐下，包括一字形扶手、U形扶手、L形扶手、135°扶手、T形扶手或者助力扶手等	基础
14		蹲便器改坐便器	减轻蹲姿造成的腿部压力，避免老年人如厕时摔倒，方便乘轮椅老年人使用	可选
15		水龙头改造	采用拔杆式或感应水龙头，方便老年人开关水阀	可选
16		浴缸/淋浴房改造	拆除浴缸/淋浴房，更换浴帘、浴杆，增加淋浴空间，方便照护人员辅助老年人洗浴	可选

序号	类别	项目名称	具体内容	项目类型
17	如厕洗浴设备改造	配置淋浴椅	辅助老年人洗澡用，避免老年人滑倒，提高安全性	基础
18	厨房设备改造	台面改造	降低操作台、灶台、洗菜池高度或者在其下方留出容膝空间，方便乘轮椅或者体型矮小老年人操作	可选
19		加设中部柜	在吊柜下方设置开敞式中部柜、中部架，方便老年人取放物品	可选
20		安装自动感应灯具	安装感应便携灯，避免直射光源、强刺激性光源，人走灯灭，辅助老年人起夜使用	可选
21	物理环境改造	电源插座及开关改造	视具体情况进行高/低位改造，避免老年人下蹲或弯腰，方便老年人插拔电源和使用开关	可选
22		安装防撞护角/防撞条、提示标识	在家具尖角或墙角安装防撞护角或者防撞条，避免老年人磕碰划伤，必要时粘贴防滑条、警示条等符合相关标准和老年人认知特点的提示标识	可选
23		适老家具配置	比如换鞋凳、适老椅、电动升降晾衣架等	可选
24		手杖	辅助老年人平稳站立和行走，包含三脚或四脚手杖、凳拐等	基础
25		轮椅/助行器	辅助家人、照护人员推行/帮助老年人站立行走，扩大老年人活动空间	可选
26		放大装置	运用光学/电子原理进行影像放大，方便老年人使用	可选
27	老年用品配置	助听器	帮助老年人听清声音来源，增加与周围的交流，包括盒式助听器、耳内助听器、耳背助听器、骨导助听器等	可选
28		自助进食器具	辅助老年人进食，包括防洒碗（盘）、助食筷、弯柄勺（叉）、饮水杯（壶）等	可选
29		防走失装置	用于监测失智老年人或其他精神障碍老年人定位，避免老年人走失，包括防走失手环、防走失胸卡等	基础
30		安全监控装置	佩戴于人体或安装在居家环境中，用于监测老年人动作或者居室环境，发生险情时及时报警，包括红外探测器、紧急呼叫器、烟雾/煤气泄漏/溢水报警器等	可选

注：清单所列项目分为基础类和可选类：

　　基础类项目是政府对特殊困难老年人家庭予以补助支持的改造项目和老年用品，是改造和配置的基本内容；

　　可选类项目是根据老年人家庭意愿，供自主付费购买的适老化改造项目和老年用品。

中国城市社区居家适老化改造
实施指南 | Guidelines for the Renovation of
Age-friendly Residential Buildings and Urban Communities in China

2.2
调研策划

◆ **社区适老化改造情况调研内容**

调研可分为5个板块，重点调研：

1.社区规模；社区规划与布局；社区人口构成；社区发展历史与文化特色；社区管理模式等社区基本情况调研。

2.道路设施；"三管三线"；环境卫生设施；停车及充电设施；无障碍设施；公共空间环境等社区环境设施。

3.房屋栋数、楼龄；建筑权属；建筑结构类型；房屋质量；房屋设施设备；危破房数量；违章建筑情况等建筑本体情况。

4.物业服务；设施类型；设施规模；服务半径；设施的建筑情况等服务设施情况调研。

5.居民对现状居住满意度；楼栋改造需求；公共空间改造需求；公共服务设施配置需求；市政设施改造需求；参与公共事务意愿；社区改造建议等居民意向调研。

◆ **家庭居家适老化改造情况调研内容**

调研可分为4个板块，重点调研：

1.老年人个人信息（姓名、性别、年龄等）；老年人身体状态（视力、听力、行动能力等）等老年人基本情况调研。

2.家庭结构；常住人口及居住房间等家庭居住模式调研。

3.入户过渡空间；起居厅；卧室；厨房；餐厅；卫生间；阳台；储藏空间；过道等空间的面积及装修改动情况、高差情况；照明；插座；家具部品等套内空间现状调研。

4.居住满意度；生活困难点；改造意向等的老年人居住环境评价及改善意识调研。

◆ **调研方法**

采用综合现状调研法

1.实地勘察：实地勘察了解各社区基本情况、环境设施、建筑设施、服务设施等，梳理现状问题与潜在资源，以现状为基础规划社区未来发展。

2.需求调查：以调查问卷、面对面访谈等形式对社区老年人进行需求了解，掌握其对居住现状以及楼栋改造、公共空间改造、市政需求改造、公共服务设施配置等多层次的使用实态、评价和对未来改造的需求。

3.参与式工作坊：参与式工作坊是推动居民参与改造的一种形式，可形成一种自上而下和自下而上相关融合的工作机制，通过工作坊的形式可融合居民、居委会、物业公司、改造方案编制单位、相关单位代表等多方意见，形成合理化改造方案。

以下为本实施指南编制组在全国城市社区居家适老化改造调研过程中的《小区适老化改造调查表——社区公共部分》及《小区适老化改造调查表——建筑部分》示例、《老旧社区适老化改造居民调查问卷》示例。因全国各地各城市各社区情况复杂，差异大，仅供参考。

表1 _____ 小区适老化改造调查表——社区公共部分

总体概况	小区详细地址（公安门牌号）		
	居住区总用地面积（公顷）	建成年份（年）	
	居住总户数（户）	入住率（%）	
	平均层数（层）	老龄人口数	
	容积率	儿童人口数	
	建筑类型（砖混、框架、塔楼）	联系电话	
	小区特色（小区称号、特色建筑、习俗、活动等）	平均房价	
基础设施	交通通达性	道路质量	
	无障碍化程度	雨污分流	
	化粪池	供水管网	
	排水管网	室外消防设施	
	供电设施	停车位（地上、地下）	
公共设施	围墙	照明设施	
	垃圾收运点	视频监控系统	
	步行系统	人行安全设施（护栏、车止石等）	
	非机动车停车位	信报箱	
	物业用房	老年服务设施	
	宣传设施	快递服务设施	
公共空间	小区绿化	休闲设施	
	体育健身器械	环境设施	

注：1. 总体概况填写数量或类型；
2. 基础设施、公共设施、公共空间根据数量或质量评价填好中差；
3. 公共设施指教育、商业、医疗、文化体育、餐饮、养老驿站、配置文化室、社区服务站、老人之家、家庭综合服务站、社区日间照料中心、健身场地等配套设施；
4. 每项内容对应拍照。

表2 _____ 小区适老化改造调查表——建筑部分（建筑编号：_____ ）

建筑类型		建筑层数	
建筑门栋数		违法建筑物和构筑物	
外立面（瓷砖贴面、涂料、水刷石）		建筑户外构造构件（含檐口、阳台栏板、入口雨篷、标识、照明等）	
防盗网		防护设施	
楼栋门		楼栋对讲系统	
楼道照明		楼道墙面	
楼梯扶手		楼梯踏步	
楼栋消防设施		楼道内电力线	
楼道内电信线		楼道内有线电视线	
楼道休憩设施		楼道采光	
防雷设施		电气保护设施	
水表		电表	
管道燃气入户		电梯	
建筑节能		楼体绿化	

注：1. 表格内根据内容填写数量、类型、质量（好中差、有无等）；
2. 每个对应内容需要拍照；
3. 该表格数据小区建筑编号，每栋建筑一张表格。

图2.2.1 社区适老化改造调研表示例

中国城市社区居家适老化改造
实施指南 | Guidelines for the Renovation of
Age-friendly Residential Buildings and Urban Communities in China

既有居住建筑套内空间适老化居住实态与意向调查表

编　号：_____
调查人：_____
调查时间：_____

地址：_____ 市/省 _____ 区 _____ 街道

一. 住宅概况

1. 住宅形式：
   a. 板式
   b. 塔式
   c. 平房

2. 住楼层数：_____ 层

   所在楼层：_____ 层

3. 建筑面积：_____ m²

4. 套型：___室___厅___卫

5. 建成时间：_____ 年

   入住时间：_____ 年

   上一套房居住时间：_____ 年

6. 是否有直达居住楼层的电梯：a. 有　b. 无

7. 装修情况：
   a. 自己装修
   b. 前住户装修
   c. 开发商装修

二. 老年居住者概况

1. 基本信息：

姓名	性别	年龄(周岁)	身高(cm)	体重(kg)
	a. 男 b. 女			
	a. 男 b. 女			
	a. 男 b. 女			

2. 身体状况（多选）：
   a. 视力障碍　请回答以下（1）题
   b. 听力障碍　请回答以下（2）题
   c. 行动不便　请回答以下（3）题
   d. 其他　说明：_____

2-1. 选择"a. 视力障碍"的情况：
   a. 白内障
   b. 青光眼　说明：_____

2-2. 选择"b. 听力障碍"的情况：
   a. 分辨不清
   b. 出现耳鸣症状　说明：_____
   c. 其他　说明：_____

2-3. 选择"c. 行动不便"的情况：
   a. 局部瘫痪
   b. 下肢活动困难
   c. 上肢活动困难　说明：_____

3. 日常所用无障碍辅具：
   a. 轮椅　c. 助行器
   b. 拐棍　d. 其他

4. 日常生活完成情况：
   a. 独立完成　说明：_____
   b. 完成一部分　说明：_____
   c. 完全依赖护理　说明：_____

三. 人员构成

1. 家庭结构：
   a. 单身　d. 主干（三代）
   b. 夫妻　e. 祖孙（隔代）
   c. 核心（两代）　f. 其他

2. 常住人口：_____ 人；

成员	年龄	住宿房间	住宿时间
		a. 主卧 b. 次卧 c. 其他	a. 每天 b. 周末 c. 假期
		a. 主卧 b. 次卧 c. 其他	a. 每天 b. 周末 c. 假期
		a. 主卧 b. 次卧 c. 其他	a. 每天 b. 周末 c. 假期
		a. 主卧 b. 次卧 c. 其他	a. 每天 b. 周末 c. 假期
		a. 主卧 b. 次卧 c. 其他	a. 每天 b. 周末 c. 假期

一 中国建筑设计院有限公司 一

c. 色觉退化　说明：_____
d. 其他　说明：_____

四. 套内空间评价

1. 您对入户过渡空间的意见：
   a. 无独立空间　f. 储藏空间不足
   b. 面积局促　g. 家具不好布置
   c. 宽度不够　h. 无支撑部位
   d. 更衣空间不足　i. 亮度不足
   e. 换鞋空间不足　j. 其他

2. 您对起居室的意见：
   a. 无独立空间　e. 通风不好
   b. 面积局促　f. 家具不好布置
   c. 朝向不好　g. 无支撑部位
   d. 采光不好　h. 其他

3. 您对餐厅的意见：
   a. 无独立空间　e. 通风不好
   b. 面积局促　f. 家具不好布置
   c. 朝向不好　g. 无支撑部位
   d. 采光不好　h. 其他

4. 您对卧室的意见：
   a. 无独立空间　f. 隔声不好
   b. 面积局促　g. 无支撑部位
   c. 朝向不好　h. 家具不好布置
   d. 采光不好　i. 其他
   e. 通风不好

5. 您对厨房的意见：
   a. 无独立空间　g. 橱柜不好布置
   b. 面积局促　h. 操作面长度不够
   c. 管道布局不理想　i. 有窜味现象
   d. 采光不好　j. 有虫害
   e. 通风不好　k. 没有冰箱位置
   f. 无支撑部位　l. 其他

6. 您对卫生间的意见：
   a. 无独立空间　h. 未作干湿分离
   b. 面积局促　i. 排水噪声大
   c. 管道布局不理想　j. 有返味现象
   d. 采光不好　k. 有虫害
   e. 通风不好　l. 没有洗衣机位置
   f. 无支撑部位　m. 其他
   g. 洁具不好布置

7. 您对阳台的意见：
   a. 无独立空间　g. 隔声不好
   b. 面积局促　h. 温度不适
   c. 朝向不好　i. 无支撑部位
   d. 采光不好　j. 其他
   e. 通风不好

8. 家里储藏空间够不够用：
   a. 够用　f. 不够用

9. 您对过道、交通节点的意见：
   a. 面积局促　f. 无支撑部位

b. 宽度不足　g. 亮度不足
c. 地面防滑性差　i. 其他

10. 您对过厅的意见：
   a. 面积局促　f. 无支撑部位
   b. 宽度不足　g. 亮度不足
   c. 地面防滑性差　i. 其他

11. 套内空间各房间功能评价（画圆圈）

房　间	房间的使用功能评价						
入户过渡空间	-3	-2	-1	0	1	2	3
起居室	-3	-2	-1	0	1	2	3
餐厅	-3	-2	-1	0	1	2	3
主卧	-3	-2	-1	0	1	2	3
次卧 1	-3	-2	-1	0	1	2	3
次卧 2	-3	-2	-1	0	1	2	3
厨房	-3	-2	-1	0	1	2	3
主卫	-3	-2	-1	0	1	2	3
次卫	-3	-2	-1	0	1	2	3
阳台 1	-3	-2	-1	0	1	2	3
阳台 2	-3	-2	-1	0	1	2	3

12. 套内空间基本评价（画圆圈）

项　目	评　价						
房间数	-3	-2	-1	0	1	2	3
面积	-3	-2	-1	0	1	2	3
布局	-3	-2	-1	0	1	2	3
朝向	-3	-2	-1	0	1	2	3
通风	-3	-2	-1	0	1	2	3
采光	-3	-2	-1	0	1	2	3
隔声	-3	-2	-1	0	1	2	3
装修	-3	-2	-1	0	1	2	3
水管	-3	-2	-1	0	1	2	3
电路	-3	-2	-1	0	1	2	3
数据线	-3	-2	-1	0	1	2	3

五. 套内空间装修情况

1. 户内曾做过的装修改动：
   a. 承重墙　h. 数据线
   b. 隔墙　i. 煤气管
   c. 门窗　j. 散热器
   d. 水管　k. 排烟途径
   e. 电路　l. 自落穿管洞口
   f. 地漏　m. 其他

2. 户内管线铺设方式：
   a. 墙上剔凿　c. 吊顶内敷设
   b. 地面埋设　d. 明敷

一 中国建筑设计院有限公司 一

图2.2.2　家庭居家适老化改造调研表示例（一）

3. 若户内有自建隔墙，厚度 ____ cm，材料：
a. 木龙骨板材　c. 黏土砖或砌块
b. 轻钢龙骨板材　m. 其他 ____

5. 目前或将来有没有需要进一步装修改造之处：
a. 有　b. 没有

6. 将来希望做的改动：
a. 承重墙　h. 数据线
b. 隔墙　i. 煤气管
c. 门窗　j. 散热器
d. 水管　k. 排烟方向
e. 电路　l. 自凿穿管洞口
f. 地漏　m. 其他 ____

7. 对户内空间进行改造面临的主要困难：
a. 承重墙不可改　d. 改动对邻居造成干扰，协调麻烦
b. 隔墙拆建麻烦　e. 改动涉及立面，与物业有冲突
c. 管线剔凿铺设麻烦　f. 其他 ____

六．套内空间能耗

1. 家中所用燃气类型：　用途：
a. 天然气　a. 烹饪
b. 煤气　b. 供暖
c. 液化气　c. 生活热水

3. 每月耗气量 ____ m^3

4. 每月用电量 ____ kWh

5. 冬季供暖措施：
a. 户式集中空调　d. 燃气供暖炉
b. 分体式空调　e. 电暖气
c. 集中供暖

6. 夏季降温措施：
a. 户式集中空调　c. 空调扇
b. 分体式空调　d. 电扇

7. 家中共有分体式空调 ____ 台，总功率 ____ 匹

7. 家里供应生活热水的设备：
a. 热气热水器　c. 集中热水供应
b. 电热水器

8. 户内生活热水设备每天使用情况：
a. 昼夜 24 小运转　c. 运转 6 小时左右
b. 运转 12 小时左右　d. 何时用，何时运转

9. 家中灯具所用光源类型：
a. 荧光灯为主　c. 荧光灯、白炽灯各一半
b. 白炽灯为主

10. 家中用电量最大的 3 种电器为：
a. 电视　e. 电热水器
b. 冰箱　f. 电脑
c. 空调　g. 其他 ____
d. 电暖气

七．家具、部品及辅具

1. 入户过渡空间所用家具、部品类型：
a. 鞋柜　d. 支撑设施
b. 更衣凳　d. 其他 ____
c. 更衣柜

2. 影响入户过渡空间功能布置的主要因素：
a. 门窗位置　b. 空间面积
b. 空间形状　d. 其他 ____

3. 入户过渡空间所用照明部品：
a. 吸顶/吊顶灯　d. 小夜灯
b. 壁灯　e. 感应灯
c. 筒灯　f. 其他 ____

4. 入户过渡空间所用地面材料：
a. 水泥地面　d. 地毯
b. 瓷砖　d. 其他 ____
c. 地板

5. 起居室所用家具、部品类型：
a. 沙发　d. 支撑设施
b. 茶几　d. 其他 ____
c. 电视柜

6. 影响起居室功能布置的主要因素：
a. 门窗位置　b. 空间面积
b. 空间形状　d. 其他 ____

7. 起居室所用照明部品：
a. 吸顶/吊顶灯　d. 小夜灯
b. 壁灯　e. 桌灯
c. 筒灯　f. 其他 ____

8. 起居室所用地面材料：
a. 水泥地面　d. 地毯
b. 瓷砖　d. 其他 ____
c. 地板

9. 餐厅所用家具、部品类型：
a. 餐桌　d. 支撑设施
b. 餐椅　d. 其他 ____
c. 餐柜

-- 中国建筑设计院有限公司 --

10. 影响餐厅功能布置的主要因素：
a. 门窗位置　b. 空间面积
b. 空间形状　d. 其他 ____

11. 餐厅所用照明部品：
a. 吸顶/吊顶灯　d. 小夜灯
b. 壁灯　e. 桌灯
c. 筒灯　f. 其他 ____

12. 餐厅所用地面材料：
a. 水泥地面　d. 地毯
b. 瓷砖　d. 其他 ____
c. 地板

13. 卧室所用家具、部品类型：
a. 床　e. 衣柜
b. 床头柜　e. 支撑设施
c. 梳妆台　f. 其他 ____
d. 梳妆台椅

14. 影响卧室功能布置的主要因素：
a. 门窗位置　b. 空间面积
b. 空间形状　d. 其他 ____

15. 卧室所用照明部品：
a. 吸顶/吊顶灯　d. 小夜灯
b. 壁灯　e. 桌灯
c. 筒灯　f. 其他 ____

16. 卧室所用地面材料：
a. 水泥地面　d. 地毯
b. 瓷砖　d. 其他 ____
c. 地板

17. 厨房所用家具、部品类型：
a. 一体化橱柜　d. 支撑设施
b. 灶台　e. 其他 ____
c. 洗手池

18. 影响厨房功能布置的主要因素：
a. 燃气管位置　e. 门窗位置
b. 水管位置　f. 空间形状
c. 散热器位置　g. 空间面积
d. 烟道位置　d. 其他 ____

19. 厨房所用照明部品：
a. 吸顶/吊顶灯　d. 小夜灯
b. 筒灯　e. 其他 ____
c. 橱柜灯

20. 厨房所用地面材料：
a. 水泥地面　d. 其他 ____
b. 瓷砖

21. 卫生间所用家具、部品类型：
a. 洗面台　e. 淋浴间
b. 坐便器　e. 支撑设施
c. 浴缸　f. 其他 ____

22. 影响卫生间功能布置的主要因素：
a. 给水管位置　e. 散热器位置
b. 排水管位置　f. 空间形状
c. 管井位置　g. 空间面积
d. 风道位置　d. 其他 ____

23. 卫生间所用照明部品：
a. 吸顶/吊顶灯　d. 小夜灯
b. 筒灯　e. 其他 ____
c. 洗手台灯

24. 卫生间所用地面材料：
a. 水泥地面　d. 其他 ____
b. 瓷砖

25. 阳台所用家具、部品类型：
a. 储物柜　e. 休闲茶几
b. 躺椅　e. 支撑设施
c. 休闲椅　f. 其他 ____

26. 阳台所用照明部品：
a. 吸顶/吊顶灯　c. 小夜灯
b. 筒灯　d. 其他 ____

27. 阳台所用地面材料：
a. 水泥地面　c. 地板
b. 瓷砖　d. 其他 ____

28. 过道所用家具、部品类型：
a. 储物柜　c. 其他 ____
b. 支撑设施

29. 过道所用照明部品：
a. 吸顶/吊顶灯　c. 小夜灯
b. 壁灯　d. 其他 ____
c. 筒灯

30. 过道所用地面材料：
a. 水泥地面　c. 地板
b. 瓷砖　d. 其他 ____

31. 套内空间所使用的无障碍辅具部品：
a. 轮椅　d. 扶手
b. 拐棍　e. 防撞角
c. 助行器　d. 其他 ____

-- 中国建筑设计院有限公司 --

图2.2.2　家庭居家适老化改造调研表示例（二）

中国城市社区居家适老化改造
实施指南 ｜ Guidelines for the Renovation of
Age-friendly Residential Buildings and Urban Communities in China

八．厨卫设备

1. 厨房灶台排烟方式：
   a.排烟道 □　　b.直排 □

2. 户内采取的排水方式：
   a.穿楼板排水 □　　c.降板排水 □
   b.后排水 □

3. 目前排水方式存在的问题（排序）：
   a.排水噪声干扰大　c.占用部分使用面积
   b.排水点布置不合理　d.降低部分层高
   　　　　　　　e.维修不方便

4. 户内需要增加用水点的房间有：
   a.入户过渡空间 □　f.厨房 □
   b.起居室 □　g.阳台 □
   c.餐厅 □
   d.卧室 □

5. 户内采取的通风方式：
   a.自然通风 □　c.卫生间机械排风 □
   b.厨房机械排风 □　d.其他 □

6. 如改善户内封闭状态下通风，在外墙上开设通风口，可能会降低冬季室内局部温度，并带来吹风感，对您来说，下列因素哪个更重要：
   a.室内空气质量 □　c.室内无风感 □
   b.室内温度 □

7. 室内设通风设备时，如果要求在各房间房门处留通风口，您同意什么方式：
   a.门下留10mm缝隙 □　c.门附近墙上做风口，可开启 □
   b.门上做窗 □

8. 您希望电表、水表装在户内还是户外：
   a.户内 □　b.户外 □

9. 电器开关箱跳闸情况如何：
   a.经常 □　b.从不 □
   c.偶尔 □

10. 电器开关箱跳闸，通常是哪个开关：
    a.控制灯的开关 □　d.控制卫生间的开关 □
    b.控制插座的开关 □　e.控制空调的开关 □
    c.控制厨房的开关 □

11. 户内管线哪些设置不合理或不够用：
    a.插座 □　e.给水 □
    b.电视接口 □　f.排水 □
    c.电话插口 □　g.暖气 □
    d.网络接口 □　d.燃气 □

九．改造意向

1. 关于室内空间适老化改造，您认为：
   a.按照自身条件和活动习惯，亲自实行 □
   b.赞成政府根据大部分老年人的普通需求，统一实行 □
   c.其他 □

2. 如果可以对入户过渡空间进行适老化改造，您最希望改善以下哪些生活困难点？
   a.室内高差 □　f.地面易湿滑 □
   b.无处撑扶 □　g.置物储物困难 □
   c.交通面积局促 □　g.易被家具部品碰碰 □
   e.室内光线昏暗 □　d.其他 □

3. 如果可以对起居室进行适老化改造，您最希望改善以下哪些生活困难点？
   a.室内高差 □　g.坐姿起身困难 □
   b.无处撑扶 □　g.易被家具部品碰碰 □
   c.交通面积局促 □　d.开关插座位置不合理 □
   d.开关门窗不便 □　h.听不到门铃 □
   e.室内光线昏暗 □　f.无法与来访者直接对讲 □
   f.地面易湿滑 □　d.其他 □
   g.置物储物困难 □

4. 如果可以对餐厅进行适老化改造，您最希望改善以下哪些生活困难点？
   a.室内高差 □　g.坐姿起身困难 □
   b.无处撑扶 □　h.易被家具部品碰碰 □
   c.交通面积局促 □　i.开关插座位置不合理 □
   d.开关门窗不便 □　g.听不到门铃 □
   e.室内光线昏暗 □　j.无法与来访者直接对讲 □
   f.地面易湿滑 □　k.其他 □
   f.置物储物困难 □

5. 如果可以对卧室进行适老化改造，您最希望改善以下哪些生活困难点？

（左栏续）
a.室内高差 □　g.坐姿起身困难 □
b.无处撑扶 □　g.易被家具部品碰碰 □
c.交通面积局促 □　d.开关插座位置不合理 □
d.开关门窗不便 □　h.听不到门铃 □
e.室内光线昏暗 □　f.无法与来访者直接对讲 □
f.地面易湿滑 □　d.其他 □
g.置物储物困难 □

6. 如果可以对厨房进行适老化改造，您最希望改善以下哪些生活困难点？
   a.室内高差 □　g.置物储物困难 □
   b.无处撑扶 □　h.易被家具部品碰碰 □
   c.交通面积局促 □　i.开关插座位置不合理 □
   d.开关门窗不便 □　j.无报警装置 □
   e.室内光线昏暗 □　k.其他 □
   f.地面易湿滑 □

7. 如果可以对卫生间进行适老化改造，您最希望改善以下哪些生活困难点？
   a.室内高差 □　f.易被家具部品碰碰 □
   b.无处撑扶 □　g.开关插座位置不合理 □
   c.交通面积局促 □　h.站姿淋浴困难 □
   d.室内光线昏暗 □　i.无报警装置 □
   e.地面易湿滑 □　j.其他 □
   f.坐姿起身困难 □

8. 如果可以对阳台进行适老化改造，您最希望改善以下哪些生活困难点？
   a.室内高差 □　f.地面易湿滑 □
   b.无处撑扶 □　g.置物储物困难 □
   c.交通面积局促 □　k.其他 □
   d.开关门窗不便 □

图2.2.2　家庭居家适老化改造调研表示例（三）

2.3
长效管理

结合改造工作同步建立健全以基层党组织为领导，社区居民委员会配合，业主委员会、物业服务企业等参与的改造管理维护机制，引导居民协商确定改造后的社区管理模式、管理规约及业主议事规则，共同维护改造成果，促进社区改造后维护更新进入良性轨道。

◆ 健全共建共治共享机制

按照基层党组织领导下的多方参与治理要求，推动建立"党委领导、政府组织、业主参与、企业服务"的社区管理机制。鼓励引入专业化物业服务，暂不具备条件的，可通过社区托管、社会组织代管或居民自管等方式，提高物业管理能力。推动城市管理进社区，将城市综合管理服务平台与物业管理服务平台相衔接，提高城市管理覆盖面，健全共建共治共享机制。

◆ 动员社区居民广泛参与

加强基层党组织建设、社区居民自治机制建设、社区服务体系建设的有机结合。以开展社区适老化改造行动为载体，大力推进美好环境与幸福生活共同缔造活动，搭建沟通议事平台，充分发挥居民主体作用，推动实现决策共谋、发展共建、建设共管、效果共评、成果共享。引导各类专业人员进社区，辅导居民参与社区建设和管理。加强培训和宣传，发掘和培养一批懂建设、会管理的老模范、老党员、老干部等社区能人。建立激励机制，引导和鼓励居民通过捐资捐物、投工投劳等方式参与社区适老化改造建设。发布社区居民公约，促进居民自我管理、自我服务。

◆ 做好评估和总结

有关部门加强跟踪督导，依法依规查处改造过程中出现的违约、违规问题，切实保障老年人合法权益，并且定期开展社区居家适老化改造评估，总结经验教训。

CHAPTER 3

室外公共空间

中国城市社区居家适老化改造
实施指南 | Guidelines for the Renovation of
Age-friendly Residential Buildings and Urban Communities in China

　　城市社区室外公共空间适老化改造应实地调研场地周边交通系统、活动空间、景观绿化、辅助设施等的情况，同时有针对性地了解分析不同行为能力老年人的身心状态，探究其对室外公共空间的不同需求，提出相应的改造措施，促进老年人身心及社交的健康发展。

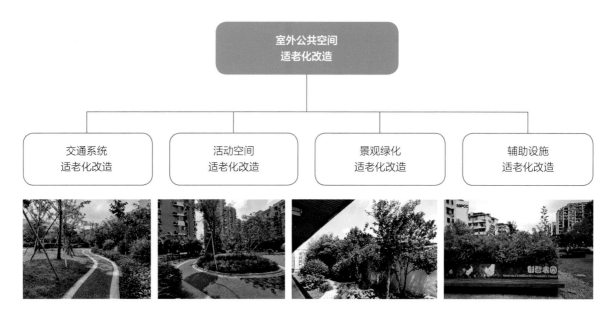

图3.0.1　室外公共空间适老化改造

由左至右：
①杭州市某小区适老化步行道适老化改造
②杭州市某小区室外公共空间适老化改造
③苏州市某小区景观绿化适老化改造
④上海市某小区室外共享空间适老化改造

1. 本实施指南中的室外公共空间改造要素分为4个类别、18个要素，以满足功能需求为基本目标，进行标准化、普适性导引。

2. 室外公共空间应布局合理，因地制宜，方便适用，支持老年人多样化的身体活动与社交活动。

3. 室外公共空间应满足健康老年人、行动障碍老年人、失智老年人在身心健康方面促进的需求。

室外公共空间改造要素   表3.0.1

板块	类别	要素
室外 公共空间	交通系统	居住区出入口；机动车道；步行道；机动车停车场（位）；非机动车停车棚（位）
	活动空间	健身空间；娱乐空间；休憩空间；室外风雨廊
	植物景观	环境调节型植物配置；行为互动型植物配置；感官交互型植物配置；记忆识别型植物配置；心理调节型植物配置
	辅助设施	休憩设施；服务设施；绿色雨水基础设施信息标识

中国城市社区居家适老化改造
实施指南
Guidelines for the Renovation of
Age-friendly Residential Buildings and Urban Communities in China

3.1
交通系统

◆ **居住区出入口**

1. 机动车出入口应设有满足行车视距且不影响城市道路正常行车要求的缓冲路段，减少因视距不足、交通堵塞而产生的安全隐患。

2. 居住区内部道路与城市道路应实现无障碍衔接，根据出入口与道路条件合理设置人行通道与大门、机动车通道与栏杆、小区岗亭等设施，保障相关设施不成为老年人进出居住区新的障碍。

3. 人车混行式的居住区出入口改造应以保障老年人行走安全为前提。有条件时应采用人车分行式的出入口形式，将步行道与机动车道分离设置。有多个出入口的社区可加设仅人行出入口。

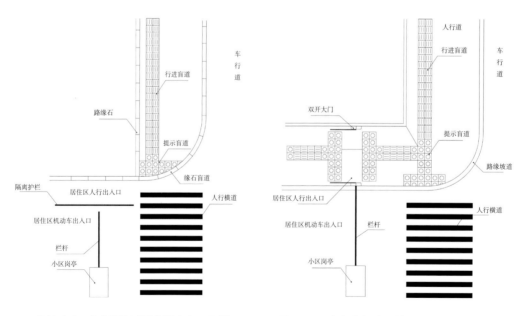

图3.1.1　人车混行式居住区出入口示例　　　　图3.1.2　人车分行式居住区出入口示例

◆ **机动车道**

1. 在行人与机动车混行的路段，机动车道限速不大于10km/h，以保障老年人行走安全。

2. 结合消防车道、应急车道设置救护车专用通道，保证及时救援。

3. 机动车道旁不同路段景观宜有所变化，避免视觉景观单一带来的车速过快。

室外空间中道路环境的安全性与机动车限速程度密切相关，根据美国联邦公路管理局统计，当机动车以10km/h撞上行人时，行人死亡概率为5%，而当其大于10km/h，行人死亡概率将大幅度提升（图3.1.3）。

国家标准《城市居住区规划设计标准》GB 50180—2018条文说明第6.0.3条第4款规定：在行人与机动车混行的路段，机动车车速不应超过10km/h；机动车与非机动车混行路段，车速不应超过25km/h。

美国NACTO（全国城市交通官员协会）在城市道路设计指南《Urban Street Design Guide》中指出：不同车速对于司机视野有直接影响，对于人车共享街道，机动车车速宜设置在5~10MPH（8~16km/h）。

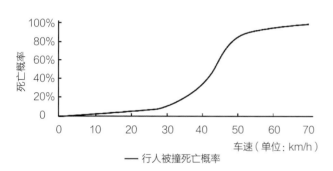

图3.1.3 碰撞速度与死亡概率关系图

中国城市社区居家适老化改造
实施指南 | Guidelines for the Renovation of
Age-friendly Residential Buildings and Urban Communities in China

◆ **步行道**

> 社区步行道使用者类型多样，其中部分老年人常常借助助行器、轮椅等出行，因此需要更大的空间。对于有照护需求的老年人，步行道还应满足护理人员与老年人的并排通行。此外，部分社区步行道存在行道树、种植箱占道等情况，可利用条件差异大。

1. 步行道的通行净宽不应小于1.50m，有条件的区域通行净宽宜大于1.80m。

2. 在人车混行，难以满足老年人安全行走的情况下，部分既有社区可通过协调道路与绿化的关系，将道路一侧的部分绿地空间转变为步行道，实现人车分行。

3. 在保障老年人安全通行的情况下，可利用行道树、种植箱形成步行道及车行道的安全分隔，并避免树木未来生长对道路通行等产生的不良影响。

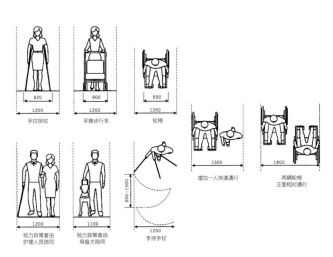

图3.1.4 不同无障碍需求下对于通行宽度的需求

图3.1.5 将车行道一侧部分绿地空间转变为步行道的示例

4.健身步道和功能性步道增设或改造宜符合以下要求：

（1）设置转折顺畅、衔接合理的步道。

（2）设置成体系的长、中、短步行道并增加具有一定坡度及蜿蜒的步道类型。

（3）坡度较大时宜结合台阶设置。

（4）宜设置多材质铺装。注意不同材质间的衔接顺畅，并避免相接的两种材质摩擦系数差异过大。

（5）设置标识，并清晰标明步道的长度、坡度、难易程度。

设置蜿蜒的步行道可避免行走的枯燥乏味，同时提升视觉景观丰富度。有一定坡度的步行道可增加行走趣味性并鼓励有康复需求的老年人进行康复训练。

具有康复功能的步行道可选用多种材质，如木屑步道、松针步道、碎石步道、卵石步道等。步道上或周边设置台阶，可以结合运动疗法，帮助老年人进行康复锻炼。

失智老年人常常伴有焦虑、游走等行为，因此需要步行道形成环路，无尽头、无交叉，降低失智老年人迷失、焦虑等风险。

图3.1.6　社区健身步道

图3.1.7　设置蜿蜒的步行道路

图3.1.8　环形健身步道

中国城市社区居家适老化改造
实施指南 | Guidelines for the Renovation of
Age-friendly Residential Buildings and Urban Communities in China

◆ **机动车停车场（位）**

1. 对不满足居民实际使用需求的机动车停车位数量进行调整和设计，结合公共绿地、低效空置用地等，增设公共停车空间，减少人车混行带来的安全隐患。

2. 在地面停车位无法满足需求时，有条件的社区可以考虑设置机械式立体车库。

3. 在机动车停车场距建筑物主要出入口最近的位置上设置无障碍车位或无障碍停车下客点，并与无障碍人行道相连，方便老年人上下车。无障碍车位或无障碍停车下客点设有明显的标志。

4. 可结合社区道路交通条件，设置电动汽车泊位，并配置电动汽车充电设施，或预留建设安装条件（包括电力管线预埋和电力容量预留），充电设施及其设计、建设应符合国家与行业标准的相关规定。

图3.1.9　社区集中停车场示例　　　　　　　　图3.1.10　无障碍车位示例

5. 在停车场内应用具有防尘降噪效果的植物及植物组合形式，铺装应考虑尾气影响，防止扬尘。

6. 在停车场内种植夏季具有遮荫效果的乔木，并保证小汽车停车场乔木枝下净空大于2.50m。

7. 在既有社区露天停车场里，间隔停车位栽植乔木等绿化植物，形成乔木树冠绿荫覆盖的停车空间。

　　停车场绿化兼顾防尘、隔离噪声功能，可以帮助减少车流带来的空气污染和噪声影响，营造安静、安全、舒适的室外环境。根据地区气候及场地条件不同，停车场内建议选择不同植物及其组合形式进行防尘降噪处理，当种植密度高时，选择交错式、对齐式、散点式栽植均可；当密度较低时，以散点式为主。

图3.1.11　具有防尘降噪效果的植物及植物组合形式示例　　　　　图3.1.12　间隔停车位栽植乔木的示例

中国城市社区居家适老化改造
实施指南 | Guidelines for the Renovation of
Age-friendly Residential Buildings and Urban Communities in China

◆ **非机动车停车棚（位）**

> 电动车是较为普遍的日常代步工具，但部分居住区缺乏室外停放设施及安全的充电装置，导致居民将电动车停放在走廊、楼梯间等楼栋公共区域，并在居室内为电动车电池充电，给社区居民的人身和财产安全都带来了很大的威胁。老年人行动不便，一旦发生此类事故，疏散更为困难。

1. 在不占用老年人室外活动空间的情况下，结合老年人使用需求，增设或适当改造非机动车停放设施。

2. 非机动车停车位应有顶棚，且形式简易、材料耐久。

3. 电动车停车位应配置充电插座，并在适宜位置安装电子监控设备。

图3.1.13　电动车停放设施示例

图3.1.14　自行车停放设施示例

3.2
活动空间

◆ **健身空间**

> 我国慢性病发病率不断攀升，因慢性病致残的患者日益增多，每年有大量老年病患亟待康复。研究表明，适度的户外运动可以增强老年人的身体素质。调研中发现，部分既有社区中缺乏健身活动区域及适老化健身康复器械，难以满足老年人的健身与康复需求，且不适宜的器械容易增加老年人室外活动安全风险，降低其活动积极性。

　　1. 提供健步道、器械健身场地、广场舞或健身操练习场地、球类运动场地等活动场地。器械健身场地中的器械之间需要预留出安全距离，并在地面画出警示范围。健身活动场地可增设提示性及鼓励性标语。

　　2. 各类场地中应考虑老年人拐杖、助行器、轮椅、随身物品等的存放需求。

　　3. 器械健身场地内配置的每组器械应能满足老年人下肢、腰背等全部核心运动能力锻炼的需求。

　　4. 除常规器械之外，在场地内配置供行动障碍老年人进行蹬腿、蹲起、坐起等腿部力量锻炼的器械以及上肢拉伸练习器械，并增加不同高度的单杠。适量设置腰背按摩器械、前后交叉式步行练习器械、扭转式腰部练习器械。

　　5. 器械应配备使用标识，并明确使用的安全范围。

　　6. 将太极拳、气功等练习场地设置在安静之处，并在场地周边选择种植释氧固碳效果较显著的植物。

　　7. 各类场地可与儿童活动场地相邻设置，便于气氛的活跃。同时应在老年人活动场地及儿童活动场地之间的物理通行空间上采取隔离措施，避免儿童对老年人的冲撞风险。

中国城市社区居家适老化改造
实施指南 | Guidelines for the Renovation of
Age-friendly Residential Buildings and Urban Communities in China

图3.2.1　健身场地与儿童活动场地相邻设置

图3.2.2　营造安静的太极拳场地

图3.2.3　社区中的球类运动场

图3.2.4　设置丰富的活动器械类型

◆ **休憩空间**

　　编制组调研中发现，当前社区中存在适宜老年人的休憩空间有限，界面单一，休憩设施数量与形式均不能满足老年人的需求等问题，加之休憩空间无障碍环境不完善，导致老年人在室外活动受限，不利于社会交往与身心健康。

　　1. 在室外公共空间中设置不同规模、视觉效果丰富的休憩空间。

　　2. 沿步行道、活动空间周边设置休憩座椅，并保证座椅间距不大于25m，为老年人提供休憩地点，方便老年人休息与停留。

　　3. 步行道两侧相对布置的座椅之间的间距应大于1.80m，以免对行人通行造成干扰。

　　4. 部分老年人常使用轮椅出行，应在休憩空间中适宜的位置设置轮椅停留或存放区。

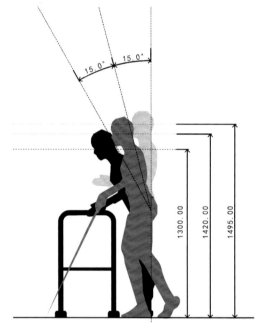

图3.2.5　不同程度步态特征变化造成的视线变化

　　休憩空间的围合绿化，应考虑对其高度形式结合活动空间用地类型及周边环境的整体把控，利用不同植物形态特征（树高、树形、质感等）及组合方式（交错式、散点式、围合式），营造特定的空间体验（开敞空间、半开敞空间、闭合空间、垂直空间）。

　　休憩空间边界围合绿化，应适当控制种植高度、种植密度，以保障其内部与外部空间良好的视线联系，方便老年人知晓外部情况并且保证在老年人发生意外或需要帮助时被及时发现及救助。

中国城市社区居家适老化改造
实施指南 | Guidelines for the Renovation of
Age-friendly Residential Buildings and Urban Communities in China

图 3.2.6　各种类型休憩空间示例

◆ **娱乐空间**

1. 棋牌活动空间可结合休憩空间布置，并采取夏季遮阴及冬季防风措施。

2. 舞蹈场地地面应平整、防滑，并避免场地内视线的遮挡阻隔。

3. 对舞蹈、歌唱等易产生噪声的娱乐活动场地采取植物阻隔的降噪措施。

　　根据相关调查研究，棋牌活动除了直接参与下棋、打牌、麻将的2人或4人之外，往往还有数人围观。因此棋牌场地的尺度规模宜按10人左右一组考虑。

图3.2.7　舞蹈活动空间示例

图3.2.8　棋牌活动空间示例

中国城市社区居家适老化改造
实施指南 | Guidelines for the Renovation of
Age-friendly Residential Buildings and Urban Communities in China

◆ **室外风雨廊**

> 雨雪等天气会影响老年人外出活动，长时间处于室内空间对身体不利。合理设置或改造室外风雨廊可起到夏季遮阳避雨，冬季阻风挡雪的作用，保证老年人在雨雪天气时与室外有适当的接触。

1. 宜在老年人活动场地周边设置可遮风避雨的设施。

2. 连廊保证视线通透并与富有节奏变化的栅格及藤本植物结合，避免视觉疲劳。

3. 在作为活动场地的建筑架空层中提供适老休憩及活动设施。

图3.2.9　栅格式风雨廊示例

图3.2.10　休憩亭廊示例

3.3
植物景观

既有社区景观绿化有以下问题，改造时应综合考虑建筑、采光、绿化的关系，以达到最优的环境效果。

1. 用地紧张，部分小区难以开辟大面积绿化场地。

2. 生长多年的高大乔木对建筑造成遮挡，影响室内采光。

3. 小区内大量活动场地被占用为停车位，绿化景观可参与性差，多以观赏为主，不能充分发挥景观植物的健康促进作用。

◆ **环境调节型植物配置**

> 由于身体调节机能的下降，老年人会对户外微气候环境中各种气候因子的变化更加敏感，进而影响到其进行户外活动的意愿。社区内景观绿化适老化改造应利用植物在改善微气候方面的作用，通过植物景观营造适宜老年人的微气候环境，提升其开展户外活动的积极性。

1. 利用植物种植设计进行温度调节

（1）在夏季光线强烈的场地种植遮荫能力强的乔木，充分发挥植物降温增湿、缓解热岛效应、改善微气候的作用，营造舒适的室外环境。

图3.3.1　不同高度乔木营造的空间感受示意

通过优化植物配置模式、优化常绿落叶植物比例和空间布局等方式，在一定程度上缓解过高或过低的气温对老年人户外活动的负面影响。

树冠能阻拦阳光而减少辐射热。树冠大小、叶片疏密度、叶片质地等影响植物的遮荫能力。遮荫能力越强，降低辐射热的效果越显著。通常冠大荫浓的树种遮荫效果较好。

部分既有社区植被茂盛且杂乱，楼前因年久树高，造成老年人居室内光线遮挡严重，部分楼前栽植树种为四季常青的香樟、雪松的社区，在冬天也仍不改其浓浓树荫，由于老年人久居室内，树木遮光现象严重影响老年人光线变化感知及居室舒适度，并易导致老年人情绪低落。

中国城市社区居家适老化改造
实施指南 | Guidelines for the Renovation of
Age-friendly Residential Buildings and Urban Communities in China

（2）应避免楼前高大乔木对居室光线的过度遮挡，对于已造成严重遮挡的，可联系相关部门对树木进行移除。

图3.3.2　在活动场地边界种植遮荫能力强的植物

图3.3.3　在步行道边界种植遮荫能力强的植物

图3.3.4　在亭廊上方利用植物进行夏季遮荫

图3.3.5　移除楼前遮挡居室光线的高大乔木后的社区示例

2. 利用植物种植设计进行风力调节

（1）在冬季盛行风向经过处增加植物种植密度。结合地形设置由乔灌草复层结构组成的防风屏障，营造舒适冬季室外环境。

（2）在夏季盛行风向经过处简化植物配置层次以利通风或营造树列景观，加速空气流动，并利用树荫营造舒适夏季室外环境。

不同植物组合栽植能够形成风障或通风廊道，改变风向，调节风力，从而改善场地小气候环境。

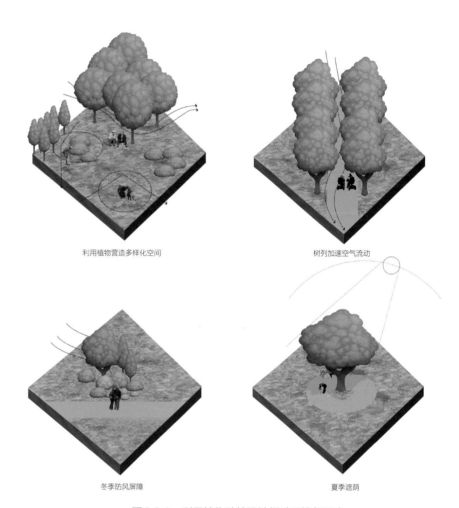

利用植物营造多样化空间　　　　　树列加速空气流动

冬季防风屏障　　　　　夏季遮荫

图3.3.6　利用植物种植设计提升环境舒适度

中国城市社区居家适老化改造
实施指南　　Guidelines for the Renovation of
Age-friendly Residential Buildings and Urban Communities in China

3.利用植物种植设计进行空气质量调节

（1）选择具有降尘效果及净化空气污染物作用的植物。

树木的枝叶可以阻滞空气中的尘埃，使空气较清洁。一般树冠大而浓密、叶面多毛或粗糙、分泌有油脂或黏液的植物具有较强的滞尘能力。

很多园林植物具有吸收大气污染物，解毒或富集于体内而减少空气中毒物量的作用。根据场地情况，分析污染源方向和污染物成分，有针对性地选择相应植物品种和配置方式，可以消减空气污染，调节空气质量。植物净化空气能力与叶片数量、叶片年龄、生长季节等息息相关，应将吸收能力强，同时抗性强的树种作为净化空气的优良选择。

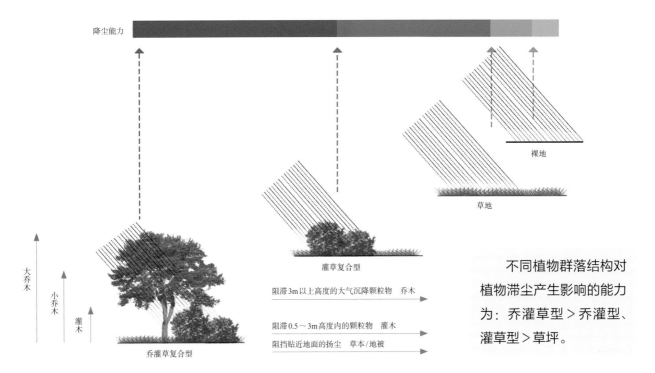

不同植物群落结构对植物滞尘产生影响的能力为：乔灌草型＞乔灌型、灌草型＞草坪。

图3.3.7　不同类型植物群落的降尘效果示意

吸滞粉尘能力较强的树种：

我国北方地区：刺槐、沙枣、国槐、榆树、核桃、构树、侧柏等。

我国中部地区：榆树、朴树、木槿、梧桐、女贞、荷花玉兰、臭椿、龙柏、楸树、刺槐、构树、桑树、丝棉木、紫薇等。

我国南方地区：构树、桑树、鸡蛋花、黄槿、刺桐、黄槐、苦楝、黄葛榕、高山榕、银桦等。

优良的净化二氧化硫植物：忍冬、卫矛、旱柳、臭椿、榆树、花曲柳、水蜡、山桃、米兰、栀子花等。

优良的净化氯气植物：银柳、旱柳、臭椿、赤杨、水蜡、卫矛、花曲柳、忍冬、银桦、柽柳、女贞、君迁子等。

能够吸收氟化氢的植物：泡桐、梧桐、大叶黄杨、女贞、榉树、垂柳、银桦、梨、苹果、柑橘类植物、万寿菊等。

能够吸收氮氧化物的植物：腊梅、桂花、兰花等。

刺槐　　国槐　　核桃　　侧柏　　忍冬　　卫矛　　山桃

朴树　　木槿　　米兰　　臭椿　　旱柳　　柽柳　　银桦

构树　　桑树　　苦楝　　兰花　　腊梅　　柑橘　　桂花

图3.3.8　部分具有降尘效果及净化空气污染物作用的植物图示意

中国城市社区居家适老化改造
实施指南 | Guidelines for the Renovation of
Age-friendly Residential Buildings and Urban Communities in China

（2）选择具有抑菌杀菌作用的植物。

植物的一些挥发物可以有效杀灭细菌、真菌等，因此选择杀菌性强的植物有利于创造健康的物理环境。

能够分泌杀菌素的常见植物种类有侧柏、柏木、圆柏等柏科植物，欧洲松、杉松、雪松等松科植物，柳杉等杉科植物，以及黄栌、盐肤木、大叶黄杨、桂香柳、胡桃、七叶树、合欢、国槐、刺槐、女贞、茉莉、丁香、桉树、楝树、广玉兰、紫薇、木槿、枇杷等。

需注意，一些植物在杀灭细菌、真菌的同时，其分泌物对人体健康也有一定不良影响，如悬铃木、钻天杨等，使用时应注意甄别，适量进行栽植。

（3）选择具有高释氧固碳作用的植物。

植物利用光合作用来进行固碳，同时释放氧气。因地制宜，合理搭配种植，发挥植物释氧固碳效应，可有效改善空气质量。固碳释氧量上，复层结构植物群落大于单一结构植物群落。

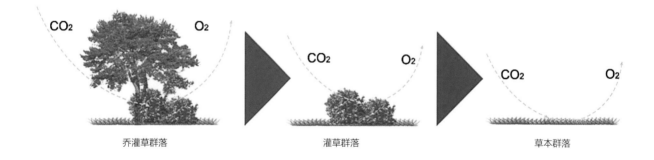

乔灌草群落　　　　　　　　　　灌草群落　　　　　　　　　　草本群落

图3.3.9　不同类型植物群落的释氧固碳效果示意

◆ **行为互动型植物配置**

> 目前既有社区的绿化大多以美化环境、边界围合、遮挡视线等目的为主，而忽视了人与环境的参与及互动所发挥的健康促进作用。既有社区中老年人对种植蔬菜植物等热情较高，常常于社区室外角落或边缘放置自种果蔬植物。

1. 在老年人较易达到的场地，营造丰富的可近身植物景观，以鼓励其参与植物互动等活动。

2. 避免在老年人使用的室外空间中选择有毒副作用的植物，特别要注意一些和常见蔬菜水果外观相似的有毒植物。

3. 可营造配有园艺操作台的社区种植园，种植乡土果树及蔬菜，并组织老年人进行采摘。

多项研究表明园艺操作对身心康复及社会交往有良好的促进作用，能够适应老年人的行为需求，迎合老年人对园艺的喜爱心理，其可参与性满足了人与环境之间的交流关系。园艺操作活动可与中国传统文化相结合并考虑食用、药用植物的应用。

图3.3.10　不同高度的植物种植示例

图3.3.11　社区老年人进行绿地改造示例

中国城市社区居家适老化改造
实施指南 | Guidelines for the Renovation of
Age-friendly Residential Buildings and Urban Communities in China

图3.3.12　社区种植园示例

◆ **感官交互型植物配置**

1.视觉

> 视觉是老年人感官系统衰退较为显著的感觉器官。老年人视觉感知能力下降，致使其物体识别能力下降、色彩敏感度降低以及弱光环境下识别障碍。秋季黄叶飘落，易使人感到失落，特别是对于意志脆弱的老年人，秋季树叶凋零易使其想起年华逝去。老年人悲秋虽是正常现象，但是长期堆积的消极情绪更易引发疾病。
>
> 当前既有社区中往往忽略了植物配置中的四季景观、层次感、色彩感等美学因素，对老年人视觉的影响和作用，以及由此产生的心理感受变化，因此在视觉感知上应配置适宜老年人观赏的植物。

（1）丰富植物景观的色彩变化。种植季相鲜明，色彩丰富的植物，注重常绿与落叶乔木的比例。注意色彩的象征意义和冷暖色调的搭配带来的不同感受，并强调花、果、叶的颜色、形状和大小。

植物景观的色彩主要通过花、叶、果实、枝干的颜色来体现。注重色彩的搭配以及其象征意义，在不同场地合理应用不同色彩。

（2）丰富植物景观的形态变化。种植植物整体形态特征明显及花、叶、果、干等形态有明显特点的植物。

植物景观的形态主要通过树形、叶形、花形、果实形状、干皮形态、特殊的根部形态等来体现。

中国城市社区居家适老化改造
实施指南　Guidelines for the Renovation of
Age-friendly Residential Buildings and Urban Communities in China

（3）丰富植物景观的空间变化。利用乔木、灌木、草坪、地被植物的相互搭配，以多种植物配置形式营造不同类型的植物空间。

在不同地区、场合、地点，根据不同目的和要求配置多种多样的组合与种植方式。同时由于树木是在不断生长变化的，因此可在不同生长阶段产生多样的效果。

图3.3.13　植物景观空间变化示意

人在进出亮度差较大的空间时，需要一定的时间对光线进行适应。老年人由于光感知能力的下降，需要比以前花更长的时间来进行光线的明暗适应。一般而言，晴朗天气在采光良好的室内照度约为100~500lx，而室外阳光下照度可达100000lx，当老年人直接往返于这两个照度差距悬殊的空间时，容易使老年人的眼部产生不适。

植物可以遮挡一部分太阳光线，通过营造绿色过渡空间作为往来室内外老年人的视觉明暗适应缓冲区，让老年人眼睛逐渐接受光线的变化，改善公共空间的光环境。

（4）在室内与室外之间的过渡空间，结合攀援植物设置绿色廊架或种植遮荫大树，以营造绿色过渡空间缓解光线的明暗变化，帮助老年人适应室内外光线强度的突变。

（5）为植物设置标识牌，标注植物名字、常用名、原产国、作用、象征意义等信息。

通过增加标识来帮助老年人更好地参与室外活动。

图3.3.14 多种植物配置形式营造不同视觉感受

中国城市社区居家适老化改造
实施指南 | Guidelines for the Renovation of
Age-friendly Residential Buildings and Urban Communities in China

2. 听觉

自然声景可使老年人心旷神怡，同时激发想象，舒缓压力，减轻内心的焦躁与抑郁感。但是当前部分社区针对交通噪声过大、环境声音互相干扰等问题，未发挥植物降低噪声的作用，且未考虑声景疗愈的营造对老年人情绪的积极影响。

（1）对外部交通、机房设备等噪声源设置绿化隔离带消减环境噪声。

（2）对不同类型的活动空间，利用植物配置形成动静分区。

（3）利用植物种植营造自然声环境。种植大叶的，风吹、雨落易产生声响的植物；种植能够吸引蝴蝶采集花粉、鸟类筑巢、昆虫及小动物活动的结果植物。

种植乔灌木对降低噪声有明显作用。较好的隔声树种有雪松、桧柏、龙柏、水杉、悬铃木、梧桐、垂柳、云杉、薄壳山核桃、鹅掌楸、柏木、臭椿、香樟、榕树、柳杉、栎树、珊瑚树、椤木、海桐、桂花、女贞等。

通过风吹、雨落、脚踩树叶产生的摩擦声、植物吸引的鸟叫声和虫鸣声等多样化的声音类型营造自然声环境，达到刺激老年人听觉器官，舒缓神经，放松情绪的作用。

图3.3.15 种植竹子营造自然声环境

沿步行道的植物声景营造

植物与水景搭配丰富自然声景

利用植物隔绝环境噪声

图3.3.16 听觉适老性植物种植设计示例

3. 嗅觉

> 许多芳香植物能够合成释放带有芳香气味并含有抗菌素和抗病毒作用的化合物。随着年龄的增长，老年人出现嗅觉的减退，芳香的气味能够激发老年人的嗅觉感知，并使老年人感受到愉悦和放松。而当前部分社区中植物种植单一，搭配不合理，忽略了芳香植物对老年人的心理健康起到的积极作用。

（1）根据当地植物生态习性种植符合老年人身心特征且具有疗愈保健功能的芳香植物。合理搭配，营造丰富的芳香层次与空间，并引导老年人在景观环境中与芳香植物进行互动。

（2）部分人群对某种芳香植物过敏，且某些芳香植物过量使用会产生副作用，因此应谨慎使用芳香植物，并控制香味浓度。

芳香植物种类繁多，其芳香成分可存在于根、茎、叶、花、果、种子中。

芳香植物具有一定的疗愈功能，能够刺激嗅觉器官，在一定程度上起到放松镇静、抑制病菌等作用。如紫薇、茉莉、柠檬等植物，可以杀死原生菌；茉莉、蔷薇、石竹、铃兰、紫罗兰、玫瑰、桂花、松树等的香味能够抑制结核杆菌等病菌的生长繁殖；香叶天竺葵有镇静作用；白菊、艾叶和金银花的气味有降压作用；薄荷和薰衣草的芳香则可以使人注意力更集中。

芳香植物的香气成分比较复杂。部分香味对人体会有副作用，严重的还会诱发过敏、头疼、恶心等症状，因此使用时应慎重，避免小范围大量使用气味浓烈的植物。

图3.3.17　芳香植物应用示例

4. 触觉

（1）避免伤害性植物的运用。在路缘或老年人容易接近的地方不应栽植叶尖锐或有刺的植物。

（2）丰富植物景观的触觉质感。于路旁、活动场地旁及座椅旁种植叶、花、果实、茎、树皮有特殊触觉质感的植物。

图3.3.18　种植有特殊触感的植物

触觉刺激环境能够引导老年人感受植物质地。利用叶片质感、叶型等的变化刺激触觉感官。例如，配置粗质型的植物，触感舒适富有安全感；配置细质型的植物，纤细轻盈柔软引人触摸。

中国城市社区居家适老化改造
实施指南 | Guidelines for the Renovation of
Age-friendly Residential Buildings and Urban Communities in China

（3）根据老年人身体状况，利用不同高度的种植床、垂直绿化、高度可调节的悬挂花篮等，结合植物自身形态，营造便于老年人触摸的植物景观。

针对站姿，植物适宜的可触摸高度为850~1650mm。

针对坐姿，植物适宜的可触摸高度为650~1200mm。

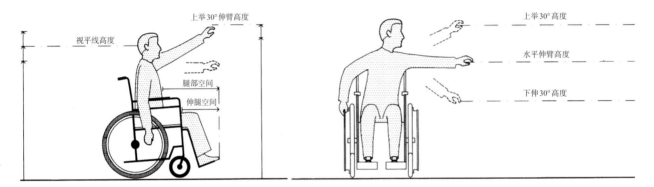

图3.3.19　正面伸臂触及高度范围示意　　　　　图3.3.20　侧面伸臂触及高度范围示意

不同高度的植物景观，可为不同身体状况老年人提供参与花园活动的机会。同时，立体绿化能够增加绿量，丰富景观效果，提升环境使用舒适度。

◆ **记忆识别型植物配置**

> 部分社区的室外环境千篇一律，缺乏辨识度，容易导致老年人难以准确定位，尤其容易引起失智老年人内心焦虑、原地徘徊。既有社区适老化改造中应利用植物帮助老年人区分不同场地，同时辅助老年人加强场景记忆。

1. 强化不同分区植物景观的差异性。可在不同的景观分区，根据功能和主题要求采用不同的植物品种和差异化的种植方式，使各分区的植物景观各具特色，有利于老年人确定并强化明确自己的所处方位。

2. 强化路径空间植物景观的导向性。可通过花境、绿篱、特定行道树等连续的种植方式，强化道路的导向性，方便老年人顺畅抵达目的地。

3. 强化节点植物景观的标志性。可通过种植点景大树、特殊植物等方式，形成特色景点，帮助老年人记忆空间。

图 3.3.21　强化节点植物景观标志性的示例

中国城市社区居家适老化改造
实施指南 | Guidelines for the Renovation of
Age-friendly Residential Buildings and Urban Communities in China

◆ 心理疗愈型植物配置

> 老年人对熟悉的植物及老物件有较深的感情，充满回忆的环境能够增强老年人的归属感，对脑部机能锻炼及记忆恢复起到一定疗愈作用。可根据环境特点及老年人年龄特征选用适宜的植物，同时鼓励老年人适度参与园区日常打理作业，帮助老年人建立责任感与成就感。

1. 种植寓意良好的植物或名花、名树等有特色的植物景观，并设置植物信息及相关文化介绍标牌，使其成为老年人聊天的话题、观赏的目的地、社交活动的触发物，从而为老年人创造新的交往互动机会，引发老年人的心理认同。

2. 筛选出能触发老年人美好回忆、对老年人心理产生积极影响的植物品种，结合景观小品，营造能触发老年人怀旧体验的植物景观空间。

3. 鼓励老年人适度参与社区植物的养护，帮助老年人建立责任感与成就感。

植物具有文化属性，如梅、兰、竹、菊等有着不同的文化内涵，父亲树、母亲花等具有家庭孝道的寓意，松柏常青寓意长寿永年。种植良好寓意的植物，可引发老年人的心理认同，起到积极的暗示作用。

图3.3.22　通过园艺操作与园艺活动创造交往机会

◆ **休憩设施**

1. 座椅应带有扶手、靠背，座椅材质应受温度影响较小且耐久性较好。

2. 座椅的布置形式及位置考虑老年人的独处与交流需求，根据场景需求设置视线外散或内聚的座椅，并在座椅旁设有拐杖放置位置并留有轮椅、婴儿车停放空间。

3. 考虑老幼照看及互动，可设置形式多样的多功能休憩设施，丰富场地使用场景，满足老年人静坐、倚靠及儿童攀爬等需求。

图3.4.1　不同形式的休憩座椅

老年人由于身体机能的下降，活动半径较小，而儿童因为独立出行能力有限，一般在家附近玩耍，两类人群活动能力有限，因此应就近设置活动场所。此外，社区里老年人带孩子的情况较多，为了同时满足活动与休闲的需求，可将老年人及儿童活动设施临近或合并设置，满足老年人看护儿童需求的同时促进老年人与儿童的代际交流。

中国城市社区居家适老化改造
实施指南 | Guidelines for the Renovation of
Age-friendly Residential Buildings and Urban Communities in China

利用高差将座椅与桌面结合形成多用途休憩设施

异形座椅为儿童提供攀爬玩耍机会

增强代际互融（中国院—适老建筑实验室专利产品）

图3.4.2　形式多样的多功能休憩设施促进老幼互动

图3.4.3　沿活动中心入口布置的可折叠座椅

图3.4.4　出入口布置的座椅

图3.4.5　沿步行道设置座椅

图3.4.6　活动场地中围绕树木设置座椅

中国城市社区居家适老化改造
实施指南 | Guidelines for the Renovation of
Age-friendly Residential Buildings and Urban Communities in China

◆ **服务设施**

1. 在室外空间中安装免触摸式洗手装置、直饮水系统及免触摸式饮水装置。

2. 有条件的社区建议设立社区急救站，配备相应的急救设备和急救药品，并对社区工作人员及居民进行急救培训。

3. 有室外晾晒需求的地区可结合场地布局设置晾晒专用区。

4. 在室外空间中设置社区公共安全防范、社区服务与环境信息发布、物业服务智能交互、公共设备监管等智能化设施。

智慧垃圾分类亭

室外免触摸式饮水装置

室外晾晒专区

图3.4.7 设置丰富的服务设施类型

◆ **绿色雨水基础设施**

1. 在改造中设置合理的绿色雨水基础设施，如雨水花园、下凹式绿地、植草沟等，以自然的方式组织排水，提升社区排水防涝能力，避免老年人雨天出行因地面积水而滑倒受伤。

2. 社区内分散在住宅和道路周边的绿地可设置植草沟，最大限度地发挥收集、转输屋面及道路径流雨水的作用。

3. 社区内的集中绿地可改造为下沉式绿地或雨水花园，以达到收集和消纳雨水的作用。

4. 雨水花园宜利用植物的选择与搭配，提升场地景观效果。可结合适老座椅形成舒适休憩场地，便于老年人使用。

图3.4.8　雨水花园植物配置示例　　　图3.4.9　雨水花园结合休憩设施的示例　　　图3.4.10　植草沟示例

中国城市社区居家适老化改造
实施指南　Guidelines for the Renovation of
Age-friendly Residential Buildings and Urban Communities in China

◆ **信息标识**

1. 清除标识不清、设置位置有误的指示牌。对于人流量大、交叉路口或标识缺乏的区域，增补必要的标识标牌。

2. 设置位置醒目的信息标识，且不对交通及景观环境造成妨碍。其大小和比例需考虑位置、表达方式及使用者视觉感受，避免过大与周边环境不协调，避免过小无法起到有效指示作用。

3. 标识应充分考虑其色彩、造型设计与所在地区建筑、景观环境的关系以及自身功能的需要。宜优先使用白色图文、深色背景。

4. 标识风格应统一，并与社区主题、建筑相契合，兼顾美观和功能性。

图3.4.11　社区内各类标识示例

CHAPTER 4

楼栋公共空间

中国城市社区居家适老化改造
实施指南 | Guidelines for the Renovation of
Age-friendly Residential Buildings and Urban Communities in China

既有社区楼栋公共空间适老化改造需要综合考虑环境无障碍、适老化设施适配、物理环境改善三方面内容。结合老年人出行及日常生活需求，从出入口、门厅、楼电梯间等不适老问题集中的部位提出改造措施和设计要点。

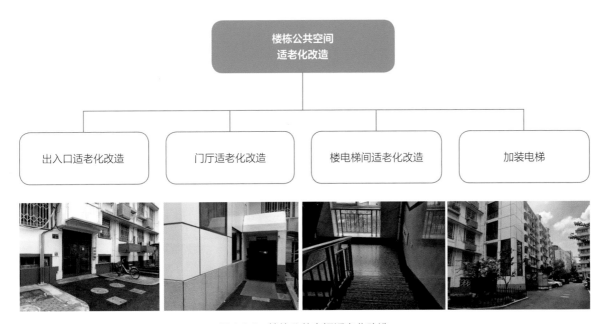

图4.0.1　楼栋公共空间适老化改造

由左至右：
① 北京市某小区加装电梯改造
② 北京市某小区出入口适老化改造
③ 上海市某小区门厅适老化改造
④ 成都市某小区楼梯适老化改造

1. 本实施指南中的楼栋公共空间改造要素分为4个类别、15个要素，以满足功能需求为目标，进行标准化、普适性导引。

　　2. 楼栋公共空间应满足日常通行、紧急救护、疏散、驻足休憩及交流等需求。

　　3. 各地可因地制宜确定改造政策、标准和内容清单。

楼栋公共空间改造要素　　　　　　　　　　　　　　　　　　表4.0.1

板块	分类	要素
楼栋 公共空间	出入口	平台；台阶；坡道；扶手；雨篷；照明
	门厅	适老化设施；照明
	楼电梯间	楼梯；踏步；扶手；楼层门牌标识
	加装电梯	加装电梯策略；电梯出入口；电梯要求

中国城市社区居家适老化改造
实施指南
Guidelines for the Renovation of
Age-friendly Residential Buildings and Urban Communities in China

4.1
出入口

◆ **平台及台阶**

> 　　建造年代较早的楼栋出入口，适老化设计较为缺乏，存在诸多如通行避让空间不足、高差、地面易积水湿滑等问题，台阶存在高度不一致、踏步宽度过窄、部分踏步高度过高的情况，一定情况下增加了老年人出入时绊倒或踩空的安全风险，影响老年人出行。

　　1. 出入口平台及台阶应选用透水性好、不易积水的地面材料，且在踏步边缘、坡道坡段处设置防滑条增强地面防滑性能。

　　2. 根据高差尺寸重新设计台阶高度，需保证台阶的高度一致。

　　3. 在出入口地面高差变化处通过颜色的变化、增加照明、配合设置扶手等减少发生危险的概率。

　　1. 在台阶高差变化处通过使用涂料等设置警示色带，水平色带和垂直色带宽度宜大于30mm。

　　2. 注意材料变化处宜保证平滑，避免产生新的高差。

图4.1.1　出入口台阶适老化改造示意

图4.1.2　北京市某小区出入口平台及台阶示例

◆ **坡道**

当前的社区中，有些楼栋由于建造年代久远，缺乏适老化设施，随着老年居民比例的增加，安全隐患逐步凸显，其中最常见的就是缺乏坡道等无障碍设施，造成老年人及残疾人出门不便。

1. 根据入口平台、周围环境特点及与道路关系加设坡道，避免互相影响。同时考虑各类助行设备的使用空间，合理设置平台及缓冲空间宽度。

2. 坡面平整、防滑、无反光，避免加设凸出的防滑条或将坡面做成礓磋形式。

3. 坡道净宽度不小于1.20m，满足两人行走，或轮椅与一人错位通过。

4. 在出入口坡道的临空侧设置栏杆和扶手，并设置安全阻挡设施。

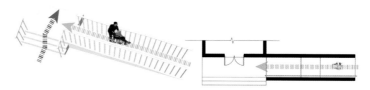

图4.1.4 一字形单段坡道采用直线形坡道，轮椅使用者的入口与普通行人的入口分开，轮椅使用者需要走较长的路进入建筑物

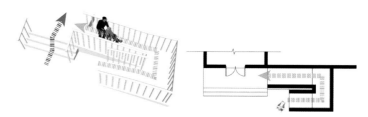

图4.1.5 一字形多段坡道入口在建筑物前面，轮椅使用者与普通人有相同位置进入建筑物

图4.1.3 成都市某小区坡道示例

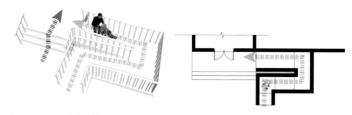

图4.1.6 U形坡道的入口在建筑物的前面，但空间利用不如一字形坡道，需要额外的休息平台

◆ **雨篷**

> 雨篷作为建筑出入口处重要的遮蔽设施，有遮蔽风雨、防止出入口平台地面湿滑等作用。而既有社区中部分雨篷并未完全覆盖出入口平台，也未覆盖台阶踏步和坡道，对雨雪天气老年人的出行造成不便。

1. 雨篷宜完全覆盖出入口平台，并宜超过台阶踏步500mm以上，有条件的情况下，雨篷最好能覆盖坡道，避免坡道结冰变滑引起老年人摔倒。

2. 当非机动车停车位设在单元门旁时，应尽可能靠近单元出入口，其上方应设雨篷，方便老年人进出停放。

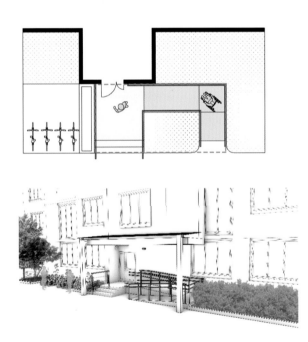

图4.1.7　雨篷覆盖范围示意

图4.1.8　成都市某小区雨篷设置示例

◆ **照明**

> 楼栋的出入口处往往存在缺乏照明设施或光线昏暗的现象，造成老年人上下台阶以及开门不便，甚至发生跌倒摔伤等危险，影响老年人出行。

1. 在出入口内外设置照度足够的照明灯具，让老年人能够清楚地分辨出台阶、坡道的轮廓。
2. 在单元门旁设置局部照明，便于老年人在夜晚自然光线较暗时也能看清门禁的操作按钮。
3. 灯光宜选用柔和漫射的光源，以满足老年人视觉需求。
4. 灯具宜选取声控或感应等形式，且保证照度符合要求的情况下优先选择节能且耐久不易损坏的灯具。

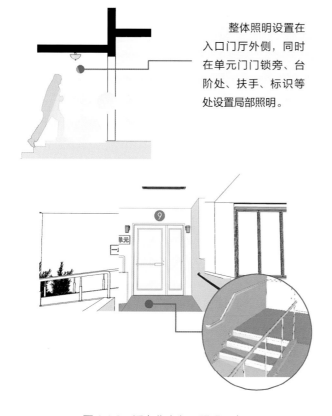

整体照明设置在入口门厅外侧，同时在单元门门锁旁、台阶处、扶手、标识等处设置局部照明。

图4.1.9　适老化出入口照明示意

图4.1.10　北京市某小区出入口照明示例

中国城市社区居家适老化改造
实施指南　Guidelines for the Renovation of
Age-friendly Residential Buildings and Urban Communities in China

4.2
门厅

◆ **适老化设施**

> 既有社区门厅空间在设计之初中缺乏对扶手等适老化设施的考虑，导致老年人行走时缺乏支撑，容易引起跌倒。另外，缺乏轮椅、助行器等储藏空间，不方便老年人使用。

1. 在门厅空间设置连续扶手，扶手在墙面阳角转弯处尽量保证连续，扶手面层材质应温和亲肤，同时避免出现尖锐转角。

2. 合理利用楼梯下方空间作为轮椅、助行器的停靠区域。

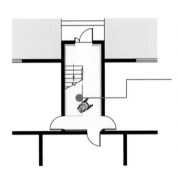

在门厅至楼梯及电梯空间加设连续扶手，无障碍单层扶手的高度应为850~900mm，双层扶手的上层扶手高度为850~900mm，下层扶手高度应为650~700mm。扶手应为易于抓握的圆形，直径为35~50mm。

图4.2.1　门厅适老设施改造示意

图4.2.2　北京市某小区门厅适老设施改造示例

◆ **照明**

楼栋门厅在楼栋公共空间中起着组织和引导人流走向的作用，在危急时刻也是逃生出口。这里可以容纳不同性质的活动，小憩、等候或是交谈等。作为老年人每天生活的必经之地，还能创造老年人与他人相遇与交流的机会。公共空间的夜间照明质量直接影响着老年人的夜间出行次数，而社区中楼栋门厅缺乏照明设施或照度不够严重影响了老年人的使用。

1. 针对日间光线昏暗的问题，增设补足照明的设施。
2. 出入口处设置感应式照明装置，提供夜间照明。
3. 台阶起始处等易发生跌倒危险的位置设置局部提示照明。

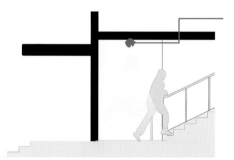

增加局部照明，灯源布置宜接近台阶起始处。

门厅照明改造要点：
1. 在门厅上方设置感应式照明装置。
2. 台阶起始处设置提示照明。
3. 当为独立门厅设置桌椅时，在桌椅上方设置任务照明，满足老年人活动需求。
4. 当门厅与楼梯间合并时，在通往一楼住户的走廊上设置整体照明。

图4.2.3　门厅照明适老化改造示意

图4.2.4　北京市某小区门厅感应式照明改造示例

4.3
楼电梯间

◆ 楼梯

> 既有社区中建筑楼梯存在踏步高度过高，宽度过窄，没有防滑措施等现象，并且这些建筑在设计之初，大多只考虑了正常人的使用需求，并没有针对老年人群的需求做重点考虑。因此，现在的楼梯对老年人群使用极其不便。

1. 楼梯踏步应考虑防滑、防绊倒等防滑材料。在公共楼梯踏板上设置防滑材料时，材料最好与踏步板处于同一平面。

2. 在不影响疏散宽度的基础上，在楼梯两侧设置连续扶手，以便于老年人在行走时随时撑扶。

3. 楼电梯间内部以及与相邻空间的地面应平整无高差。

4. 地面选择耐磨、防眩光材料，并需考虑防滑、防绊倒等安全措施。为防止轮椅将墙面撞坏，走廊阳角转角可倒圆角或切角。

5. 公共楼梯间尽量可以直接获得自然通风和直接采光。设置楼梯间照明灯具，以满足充足的照明。避免出现阴影，全面考虑亮度、角度和位置，并避免光线直射。最好设置地脚灯。

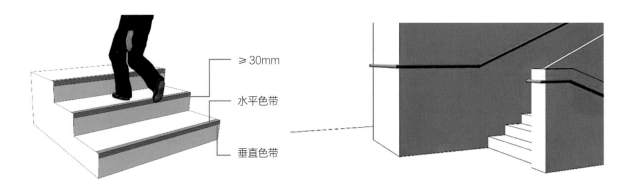

图 4.3.1　公共楼梯台阶色带示意　　　　　　　　图 4.3.2　公共楼梯扶手示意

◆ **楼层及门牌标识**

编制组调研中发现，目前社区中楼电梯间标识设置不完全，楼道各个户门样式较统一，标识设置不明确，容易使老年人在走廊中产生位置的混淆。

楼层、门牌标识的设计宜色彩突出，造型简单明确，同时注意字体大小和设置高度。标识系统的设置可按照不同的楼层区分色彩，帮助老年人观察与识别。

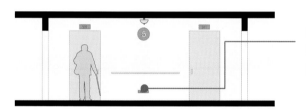

公共走廊的标识系统主要包括门牌号、楼层标号、应急疏散指示等。

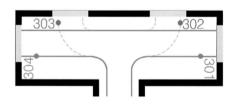

楼电梯间的标识可分为门牌标识、楼层标识以及应急疏散标识三种，有条件的可在地面设置地面标识，对老年人进行引导。

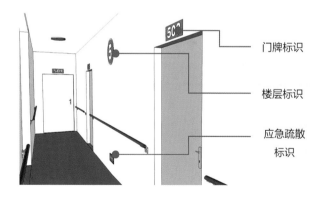

门牌标识

楼层标识

应急疏散标识

图4.3.3　楼层及门牌标识适老化改造示意

4.4
加装电梯

> 随着老年人身体机能退化，上下楼梯，尤其是携带重物上下楼梯，无疑是一大难题，无电梯的高层建筑严重限制了老年人的出行。然而，当前加装完电梯后往往又产生很多新的障碍，需做无障碍改造，以满足老年人的出行需求。

◆ 加装电梯策略

1. 既有建筑加装电梯改造的设计范围包括建筑出入口、首层和标准层的公共交通核。

2. 加装电梯应根据电梯、楼梯、单元入口三者位置关系选择不同的入户方式（表4.4.1）。

3. 表4.4.1中列出几类常见的改造方式，具体改造方式应结合个体情况单独设计，需获得审批部门的认可。

加装电梯选型表   表4.4.1

楼梯位置	改造前单元入口方式	改造后电梯停靠方式	加电梯选型	电梯、楼梯、单元入口位置关系
楼梯间紧靠外墙	北入口	休息平台停靠	类型一	三者相连
			类型二	
		平层停靠	类型三	

从既有建筑单元出入口方向及与消防道路的关系、楼梯间的形式及位置、单元平面形式等方面，就加装电梯的位置、电梯厅的位置及形式、入户形式等方面提出技术方案。

类型一

改造前图示	改造前空间特点	针对性改造建议	改造后首层及标准层图示

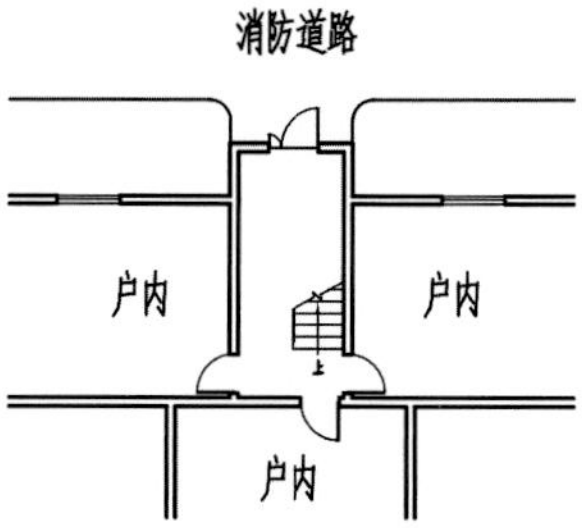

1. 楼栋单元入口为北入口，入口处距离社区内消防道路较近，开敞楼梯间位于北侧且带采光窗。
2. 楼栋单元为一梯两户及一梯多户的单元类型

宜将电梯厅与电梯横向布置，设置于楼梯休息平台处，下电梯后需步行半层楼梯再入户。电梯厅同时兼做单元入口门厅，单元门开启方向根据各楼距离消防道路的远近不同确定

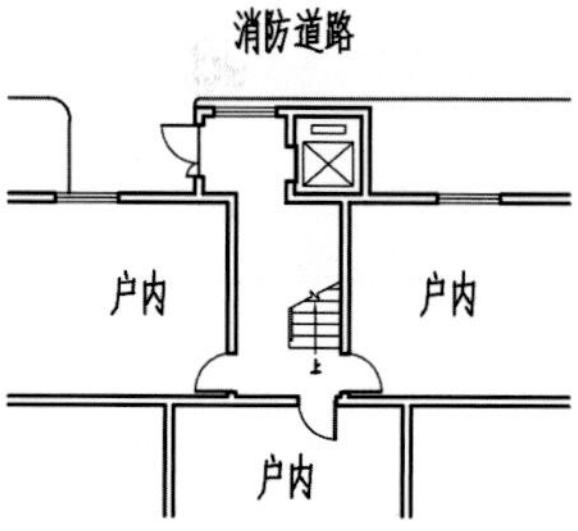

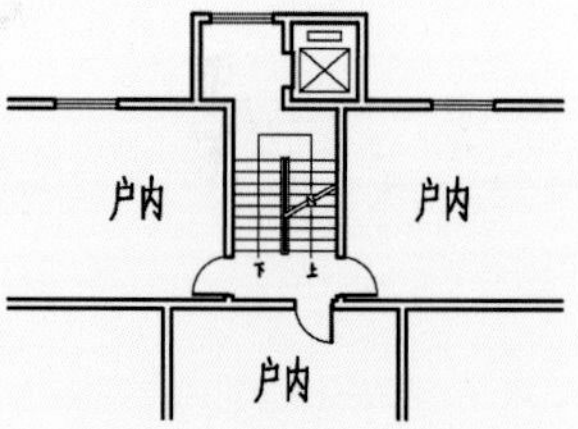

中国城市社区居家适老化改造
实施指南 | Guidelines for the Renovation of
Age-friendly Residential Buildings and Urban Communities in China

类型二

改造前图示	改造前 空间特点	针对性 改造建议	改造后首层 及标准层图示

改造前空间特点：

1. 楼栋单元入口为北入口，入口处距离社区内消防道路较远，开敞楼梯间位于北侧且带采光窗。
2. 楼栋单元为一梯两户及一梯多户的单元类型

针对性改造建议：

宜将电梯厅与电梯纵向布置，设置于楼梯休息平台处，下电梯后需步行半层楼梯再入户。电梯厅同时兼做单元入口门厅，单元门开启方向垂直于电梯门

首层

标准层

类型三

改造前图示	改造前 空间特点	针对性 改造建议	改造后首层 及标准层图示

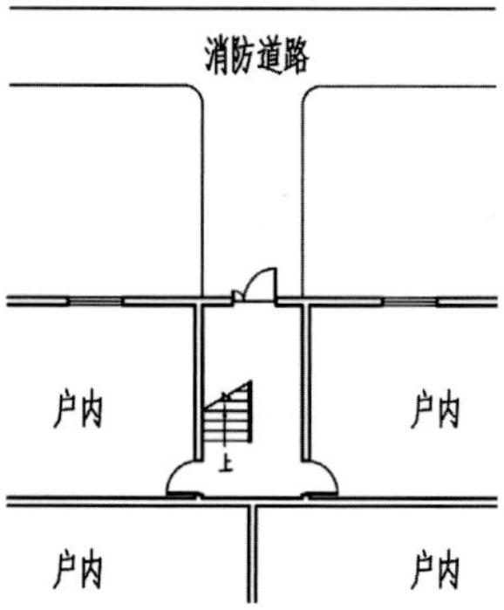

1.楼栋单元入口为北入口，入口处距离小区内消防道路较远，开敞楼梯间位于北侧且带采光窗。
2.楼栋单元为一梯两户及一梯多户的单元类型

宜将电梯厅与电梯纵向布置，通过新建平台，下电梯后可直接入户，电梯厅同时兼做单元入口门厅，单元门开启方向垂直于电梯门。

人员从电梯走出后可以通往楼梯间等应急通道，一旦出现乘客被困在轿厢内的情况时，应急救援人员可以到达电梯机房等应急救援的操作位置，且乘客从轿厢内走出，能够通过楼梯间疏散

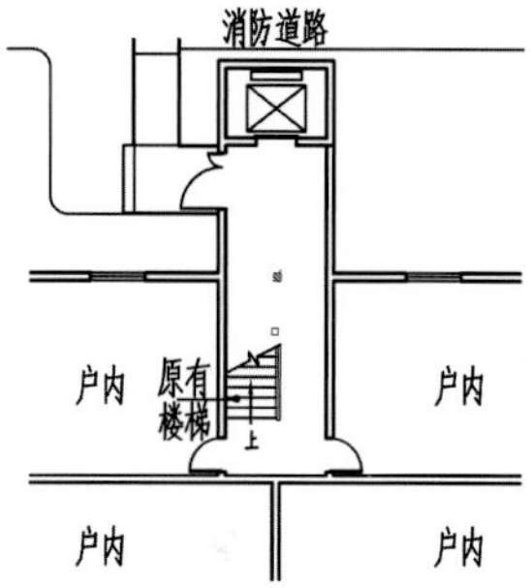

首层

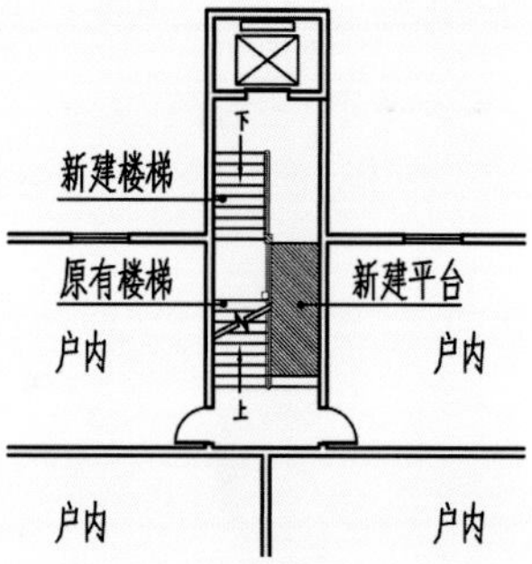

标准层

中国城市社区居家适老化改造
实施指南 | Guidelines for the Renovation of
Age-friendly Residential Buildings and Urban Communities in China

◆ **加装电梯出入口**

根据现有条件及加装电梯后的单元入口形式选择不同形式的无障碍出入口，并符合下列规定：

1. 当无轮椅坡道，出入口前道路宽敞，室内外高差较小时，可改为平坡出入口。

2. 当无轮椅坡道，出入口前道路窄且入口处有空间做轮椅坡道，室内外高差大时，可改为同时设置台阶和轮椅坡道的出入口。

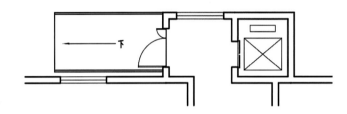

图4.4.1　平坡出入口示意图

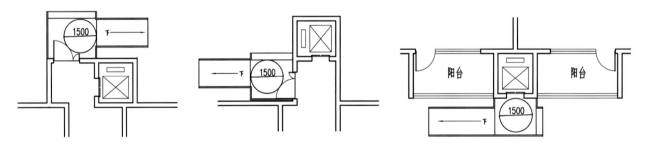

图4.4.2　同时设置台阶和轮椅坡道的出入口示意图

◆ **电梯要求**

老年人行动缓慢，听觉、视觉、触觉等感知能力下降，识别报警装置易与相似的其他按钮混淆，存在识别困难，因此在加装电梯时对电梯有特殊的要求。

1. 电梯门设置缓慢关闭程序或加装感应装置。轿厢内采用音频报站。

2. 选用带盲文的大面板电梯操作按钮，在轿厢内部两侧高低位设置，且距前后壁不应小于400mm。

3. 电梯报警装置距地高度宜为900~1100mm，易于识别并与电梯操作按钮相区别。轿厢内部三侧轿厢壁均应安装扶手，扶手距地高度宜为800~900mm。

4. 正对电梯门的电梯轿厢一面，在距地面高度900mm至顶部安装镜子或有镜面效果的材料，并于镜子下方安装防撞板。

5. 有条件时，可在轿厢中设置置物平台、座椅等，但不应影响电梯按钮、电梯门的正常使用。

 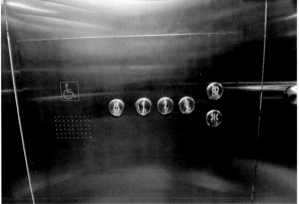

图4.4.3 加装电梯示例（一）

中国城市社区居家适老化改造
实施指南 | Guidelines for the Renovation of
Age-friendly Residential Buildings and Urban Communities in China

图4.4.3　加装电梯示例（二）

CHAPTER 5

住宅套内空间

中国城市社区居家适老化改造
实施指南　　Guidelines for the Renovation of
Age-friendly Residential Buildings and Urban Communities in China

住宅套内空间适老化改造应依据住宅的建成年代、平面形式、建筑面积、住幢楼层、装修情况等空间概况，结合老年人的身体状态、家庭构成等居住者概况，综合考虑各功能空间的空间布局、家具部品、物理环境、设备设施等方面的改造因素，提出城市既有住宅套内空间适老化改造要点。

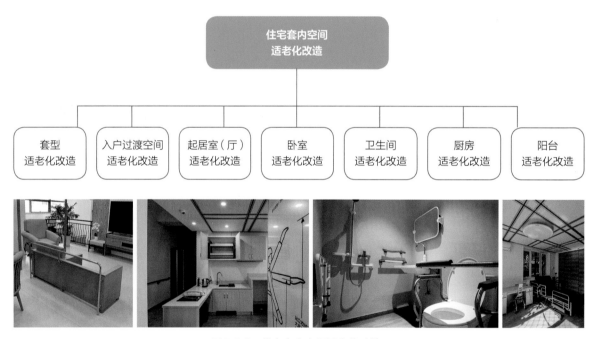

图 5.0.1　住宅套内空间适老化改造

由左至右：
①上海市某起居厅适老化展示
②中国院—适老建筑实验室厨房适老化改造展示
③中国院—适老建筑实验室卫生间适老化改造展示
④中国院—适老建筑实验室卧室适老化改造展示

1. 本实施指南中列出了住宅套内空间适老化改造矛盾比较突出的要素9个类别、24个要素，以满足功能需求为目标，进行标准化、普适性导引。

2. 住宅套内空间适老化改造应根据老年人身体状态与生活习惯，提出相应的改造策略，方便居民参考，可落地性强。

住宅套内空间改造要素 表5.0.1

板块	类别	要素
住宅套内功能空间	套型	空间布局
	通用改造	高差处理；防滑处理
	入户过渡空间	设置换鞋凳及鞋柜；安装门铃及门锁；灯光照明
	起居室（厅）	空间布局；电源插座；适老家具配置
	卧室	空间布局；配置床旁辅助设施；灯光照明
	厨房	空间布局；台面改造；安装吊柜；报警器设置
	卫生间	扶手设置；台面改造；浴缸/淋浴改造；蹲便器改坐便器；报警器设置
	阳台（露台）	可升降晾衣杆；种植空间
	智能化应用	智能化设备

中国城市社区居家适老化改造
实施指南 | Guidelines for the Renovation of
Age-friendly Residential Buildings and Urban Communities in China

5.1
套型

> 既有住宅套内空间往往存在面积狭小、功能混杂、布局不合理、交通路径曲折且障碍多等问题，在设计建造标准上缺少对老年人的身体特点及生活习惯的考量，难以满足老年人的居住环境需求。套内空间的更新改造要以保障老年人的安全、便利及适用为前提，在改造设计过程中需充分考虑老年人日常起居生活中的使用不便以及各类意外发生的可能性，采取必要的预防和应对措施，完善各功能空间，优化生活流线，降低事故发生的概率，提升老年人生活品质，营造安全舒适的适老室内空间环境。

◆ 空间布局

老年人居住的套型在进行适老化改造时宜遵循以下几个原则：

1. 安全性原则：老年人在宅伤害发生率相较于其他年龄层更高。在开展适老化改造时，需注意减少环境障碍，合理组织空间关系，加强空间视线及空间流线方面的紧密联系，确保感官通达和空间通达，提升老年人使用安全性。

2. 便利性原则：老年人日常生活规律性较强。当住宅套型与其使用习惯相匹配适应时，可在一定程度上提升其使用便利性。例如，对于起夜频繁的老年人，建议卫生间与卧室临近设置，保证老年人起夜安全；对于有烹饪习惯的老年人，建议餐厅与厨房就近组合，便于老年人就餐。

3. 适用性原则：老年人的身体状态随着年龄增长不断变化，一般会经历从自理到半自理，再到不能自理和长期卧床等不同阶段。另一方面，不同老年人会产生不同的生活习惯和兴趣爱好。通过对套型空间布局进行调整，尽可能满足不同身体状态的老年人居住安全及追求生活乐趣的环境要求。

流畅便捷交通流线

灵活便利的空间布局

明确的分户界限

图5.1.1 套型空间布局示意图

现有老年人在宅伤害事故类型中，涉及日常行走安全性的绊倒、滑倒及磕碰等问题较为突出。并且相关问题几乎存在于厨房、卫生间、卧室、起居室（厅）及阳台等住宅套内空间各部位。

◆ **高差处理**

宜消除套内空间中的地面高差。当不能消除时，高差变化处应通过设置局部照明、安装扶手等形式，辅助老年人通过。

地面高差的处理宜做到因地制宜：

1.结构高差类：主要有卫生间高台类。可通过局部改造的方式对突出地面构件进行拆除，并设置水平扣板进行连接过渡。

2.家具部品类：主要表现为门槛、推拉门轨道、过门石等形式。宜设置倒坡脚，倒坡脚的高度与深度之比应方便轮椅通行。倒坡脚表面宜进行防滑处理或设置防滑槽。

3.当坡道不可消除时，宜在高差附近增设其他辅助设施，如踏步台或临时坡道。高差边缘宜设置色彩对比鲜明的防滑条或防滑胶。

图5.2.1　高差处理示例

◆ **防滑处理**

应采用防滑、平整的地面材料。不同地面材质的衔接处摩擦系数不应差别过大。不宜使用地毯等局部易卷起或凸起的材料，以适应老年人下肢力量衰退、走路不稳等生理特点。

1.用水空间（厨房、卫生间等）：宜采用防滑耐污类地面材料，以便于老年人清洁打扫，同时减少因地面湿滑而跌倒摔伤的危险。

2.非用水空间（卧室、起居室等）：宜采用吸声、耐磨、防滑、易清洁的地面材料。如使用地毯，不应使用与地面颜色相近的材质，以避免因看不清地毯边缘而绊倒。

地砖　　金属界格条　　石材

图5.2.2　不同地面材质的
衔接处理示意

中国城市社区居家适老化改造
实施指南
Guidelines for the Renovation of
Age-friendly Residential Buildings and Urban Communities in China

5.3
入户过渡空间

入户过渡空间是户内与户外的缓冲之地。一般情况下，老年人主要在此进行更衣换鞋、置物储物、移动辅具更换等行为，特殊情况需使用担架救护设施。由于空间布局原因，目前大多数的住宅入户过渡空间存在空间拥挤、分隔户内外的功能缺失、储藏空间不足等问题。

◆ **设置换鞋凳及鞋柜**

1. 在入户过渡空间中宜设置坐凳或安装可折叠鞋凳，以便于老年人换鞋换衣。

2. 储物柜宜考虑钥匙、鞋子、衣服、雨伞、助行类适老辅具、维修工具、爬梯等不同物品对应的不同收纳方式，可在储物柜内部设置可移动隔板，以满足老年人不同生活状态下的收纳需求。

3. 在有需要的情况下，可结合墙面、户门、坐凳、玄关柜等设置扶手或可撑扶的家具，以满足老年人换鞋、取放物品时的撑扶需求。

根据老年人使用需求和空间面积条件，选择相应形式的家具部品：

1. 置物功能

选用便于置物的中低柜等。

2. 更衣功能

放置衣柜、组合柜，安装挂衣架等。

3. 坐姿换鞋功能

放置鞋凳、安装可折叠鞋凳等。

2.更衣功能　　1.置物功能

3.坐姿换鞋功能

图5.3.1　入户空间布置轴测示意　　图5.3.2　入户空间布置立面示意

◆ **安装门铃及门锁**

1. 宜设置关门提醒器，以提醒老年人离家时的注意事项。

2. 宜设置语音、震动与闪光结合的门铃，以便于听力下降的老年人及时了解来访情况。宜设置分体式门铃，以便于老年人在其他套内空间时及时了解来访情况。宜设置可视门禁等智能访客对讲系统，以便于老年人了解户门外的情况。

3. 宜采用指纹智能门锁，避免户门误关或遗落钥匙后老年人无法进入。

◆ **灯光照明**

1. 除设置一般照明外，宜在鞋柜台面及底部、储物柜内部等部位设置局部照明，以适应老年人视力衰退的生理特点，辅助老年人顺利完成相关动作。

2. 宜在开门侧设置照明总开关或全屋智能开关，以便于老年人进家离家时，一键打开或关闭照明、空调等用电设备。

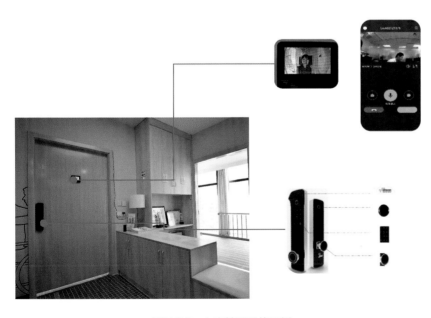

图5.3.3 入户管理系统示例

入户管理系统

1. 全球远程猫眼

入户门设备终端：支持自动智能侦测拍照/录像、人脸识别功能。

用户移动端：视频语音对讲、实时图片推送、图片及视频云存储，记录回放。

2. 全自动触控感应门锁

指纹识别、密码解锁、刷卡解锁；感应开门。

云端防盗监测、自动报警。

中国城市社区居家适老化改造
实施指南　Guidelines for the Renovation of
Age-friendly Residential Buildings and Urban Communities in China

5.4
起居室（厅）

起居室（厅）是老年人进行聊天、待客等家庭活动和看电视、休闲健身等娱乐活动的主要场所。然而，现存住宅中起居室（厅）中由于空间面积限制，往往存在通行宽度狭窄、功能空间布局不合理、家具部品配置不当等问题，难以满足老年人的多样化空间使用需求。

◆ 空间布局

老年人在起居室（厅）中的磕碰现象较为常见。其原因之一是家具部品预留的空间不合理，因此在改造时可参考以下布局要求：

1.茶几与沙发前缘、茶几与电视柜之间宜留有足够通行空间，以保证老年人就坐和轮椅通行时的最小距离。

2.茶几高度宜高于沙发坐面高度，方便老年人借助茶几起身。

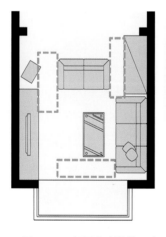
交通空间较为零碎，通行宽度狭窄，难以满足日常使用。

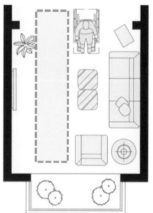
对交通空间进行整合，将原有较为宽松的L形布局简化为更紧凑的直线形布局，在茶几与电视中间预留至少800mm的通行宽度。在此基础上选择灵活的家具，方便后期调整。

图5.4.1　起居室改造前示意　　　　　图5.4.2　起居室改造后示意

◆ **适老家具配置**

1. 沙发坐面距地高度宜便于老年人落座和起身；沙发靠背高度宜达到老年人颈部高度；沙发深度不宜过深；材质宜选择皮革、布艺等亲肤、便于打扫的材质；沙发扶手宜便于老年人撑扶，也可在沙发旁设置起身扶手或可撑扶家具，方便老年人起身时借力撑扶。

2. 茶几桌面宜做圆角处理，可适当提高高度，方便取物，茶几底部宜做留空处理。

3. 储藏柜考虑老年人的肩周等问题，可设置可下拉的形式。

◆ **电源插座**

插座数量及位置宜满足使用需求，可采用可移动滑轨壁挂式明装插线板。

老年人由于日常生活和健康护理需要，电器设备使用需求增加。起居室需要预留足量的开关插座，并尽量布置在沙发餐桌周围。

沙发过深且身边缺少助力工具，难以起身。

增加支撑性边几或者起身扶手，帮助老年人借力起身。

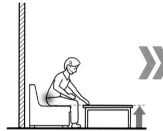
茶几过矮，老年人需探身取物，较为费力。

更换高度略高于沙发的茶几，方便老年人探身取物。

50~150

图5.4.3　可撑扶的家具示意

老年人常用的电器设备类型　　表5.4.1

使用需求	电器类型
娱乐类	电视、路由器、光猫
卫生类	吸尘器/扫地机器人
生活类	电扇、冰箱、咖啡机、热水壶、饮水机、取暖器、空调、除湿机、空气净化器
健康与康养类	家庭康复医疗设备（例如呼吸辅助设备、助行设备等）、按摩器、健身器材

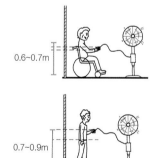
0.6~0.7m

0.7~0.9m

图5.4.4　电源插座位置示意

5.5
卧室

卧室主要提供睡眠、阅读等功能，而老年人对卧室的需求更加多样化。如为了减少夫妻间相互影响，会分床睡；部分不能自理的老年人需要护理；长期卧床的老年人具有较为强烈的日照需求等。考虑到老年人不同身体阶段的生活状态，目前大部分住宅卧室主要有助行设备使用空间不足、未预留康复护理空间、储物空间设置不当、缺乏支撑等问题。

◆ 空间布局

1. 根据老年人身体不同阶段的功能需求，预留床边空间，床一侧长边与相邻家具或墙之间宜预留足够的通行空间，可结合相邻家具设置可撑扶平面，以便于老年人起身与通行时撑扶。

2. 床临空侧宜采用防跌落措施，其中至少一侧长边与相邻家具或墙之间宜预留足够的护理空间，床对侧宜留有足够的通行空间。宜考虑护理人员及老年人家属的使用空间。

图5.5.1　老年人不同身体阶段的卧室空间布置

根据老年人身体不同阶段的功能需求，预留床边空间：

1.选用双单人床、移动家具等，以便根据老年人身体情况和季节更替进行分床，改变空间布局。

2.床及周边区域预留护理用产品放置及储藏区域，例如坐凳、便携式坐便部品、储藏柜等。

考虑护理人员及老年人家属的使用空间：

为了满足护理人员日常照护、休憩以及老年人家属探望等需求，套内空间卧室中通过使用沙发床、折叠餐桌等方式，在有限空间内达到错时利用的效果。

◆ **配置床旁辅助设施**

1. 在不影响老年人上下床的同时，在床边采取防护措施，以避免老年人夜晚意外跌落，如设置床边护栏、助力扶手产品或使用护理床等方式。

2. 针对需要护理的老年人，可设置紧急呼叫装置、离床报警设备，以便于护理人员及时了解老年人的情况。

3. 为避免长期卧床的老年人发生严重压疮，宜配置防压疮靠垫或床垫。

图 5.5.2　床旁可移动式
助力扶手示例

照料长期卧床老年人是一项较为辛苦的工作，但通过选用合适的护理床、移乘辅具，配合检测系统及床旁服务系统，可以起到一定的缓解、改善、支持作用，同时也让老年人感到更加舒适。

床旁服务系统

可提供健康档案、视频通话、生活服务、健康服务、智能叫餐功能等，位置角度可调整。

床头环境调节系统

可调灯光、电动调节窗帘。
床头可移动插座
位置可变，旋转即断电。

图 5.5.3　电动护理床示例

电动升降护理床

可移动栏杆：根据老年人需求进行拆卸安装。

床体升降及背腿联动功能：方便为老年人调整姿势。

中国城市社区居家适老化改造
实施指南 | Guidelines for the Renovation of
Age-friendly Residential Buildings and Urban Communities in China

◆ **照明**

除设置一般照明外，宜根据老年人床头阅读、起夜等不同行为模式下的光环境需求设置局部照明。一般活动的照度不宜小于100lx，床头与阅读的照度不宜小于200lx。照明开关宜保证多点控制。

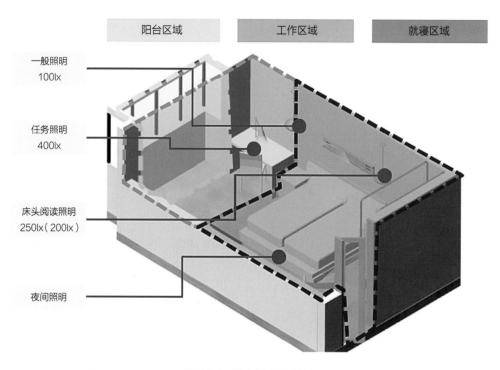

图5.5.4　卧室照明示意图

卧室照明设置要点：

一般照明：应避免炫光，如光檐照明等。

任务照明：可设置在床头、衣柜、写字台等位置，以满足老年人睡前阅读及便于寻找物品等需求。

夜间照明：宜根据老年人起夜路线，在床沿、床尾、房间转角处、卧室入口等设小夜灯。夜灯的设置宜避免直射床头，影响老年人休息；夜灯宜安装在距地350~400mm处，为了避免眩光，应使用漫反射式脚灯。

5.6
厨房

厨房需考虑老年人储藏、洗涤、操作、烹饪、通行等行为的空间需求。在编制组调研中发现大多数住宅建筑存在操作流线迂回、橱柜尺寸不适宜等问题，且存在煤气泄漏、火灾等安全隐患。相关问题有可能引起老年人烹饪操作负担增加，产生磕碰滑倒等现象，甚至引发煤气中毒、发生火灾等安全事故。

◆ 空间布局

1. 按照厨房操作流程布置冰箱、洗菜池、操作台、灶台等，方便老年人使用。
2. 厨房布局紧凑便捷，节约老年人体力。宜优先考虑U形、L形布局。

厨房空间布局要点：

餐厨相邻时，在不影响功能使用的前提下，宜设置观察窗或采用玻璃推拉门，保证厨房与餐厅在视线上的连通；餐厨相距较远时，可在厨房内设置可伸缩座椅及临时小餐台，以便就近用餐。

宜在厨房中设置可折叠座椅，供老年人有需要时以坐姿完成择菜、备料、洗碗、洗菜和炒菜的工作。

厨房可沿老年人通行路线设置可撑扶台面。

图5.6.1　厨房与餐厅相邻布置示意
设置观察窗保证视线连通

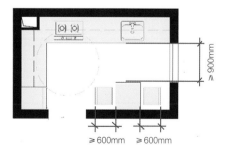

图5.6.2　餐厨相距较远布置示意
设置可折叠座椅及临时餐台

◆ **台面改造**

厨房操作台需考虑老年人站姿操作、坐姿操作及其他人员共用等情况。

1. 老年人站立时腿部会有一定弯曲，因此操作台下方宜适当凹入，方便老年人站姿操作。

2. 针对需要坐姿操作或使用轮椅的老年人，使用的厨房操作台面高度宜适当降低，操作台台下宜留有足够空间。

3. 可使用台面高度可调的操作台，方便老年人和家人共用厨房。

◆ **安装吊柜**

针对老年人够及范围有限，取高处物品时易发生危险的情况，宜采用可升降式吊柜、下拉式储物篮、隐藏抽屉式吊柜等，方便老年人使用。

◆ **报警器设置**

应设置烟雾报警器。当使用燃气时，应设置燃气浓度检测报警器、自动切断阀，应采用具有自动熄火保护装置的燃气灶，以避免因老年人记忆功能衰退而造成燃气泄漏或发生火灾等危险。

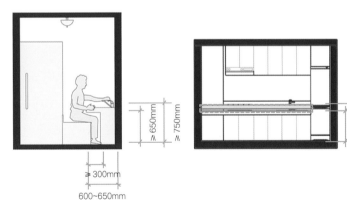

图5.6.3　坐姿老年人厨房操作台利用示意　　　图5.6.4　可升降式操作台示意

图5.6.5　下拉式储物篮及隐藏抽屉式吊柜示例

5.7
卫生间

卫生间是老年人发生居家意外伤害的高发空间，潜在安全隐患包括地面湿滑、出入口高差等。对卫生间进行适老化改造时，应根据老年人的不同身体状态和生活行为习惯进行综合考虑。对于自理老年人，应重点考虑避免发生摔倒、磕碰等现象；对于半失能老年人，应从降低操作难度的角度出发，设置适宜的辅具部品；对于失能老年人，应方便护理人员协助其完成相应的动作，有针对性地进行局部改造。

◆ **扶手设置**

1. 在坐便器旁设置扶手：针对自理老年人，可设置一些后期可随时安装扶手的预埋件；针对使用助行器及乘坐轮椅的老年人，可设置双柄扶手，且需注意设置的扶手不应成为新的障碍。

2. 如无法在墙面设置扶手：可采用马桶助力器或助力安全扶手；如卫生间空间局促，可结合坐便器设置可抬起的单柄扶手，不使用时可靠墙收起，避免造成障碍。

3. 在浴盆及淋浴器周边设置扶手：辅助老年人起身、站立、转身和坐下，针对不同情况扶手形式可采用一字形扶手、L形扶手、T形扶手或者助力扶手。

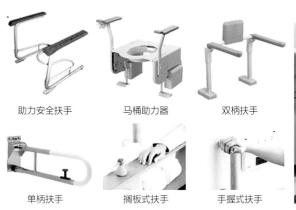

助力安全扶手　　　马桶助力器　　　双柄扶手

单柄扶手　　　搁板式扶手　　　手握式扶手

图5.7.1　扶手系列示意

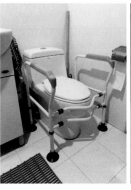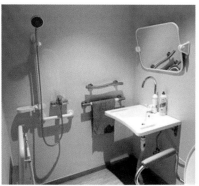

图5.7.2　扶手设置示意

中国城市社区居家适老化改造
实施指南 | Guidelines for the Renovation of
Age-friendly Residential Buildings and Urban Communities in China

◆ 台面改造

1. 洗手池下方宜设置内凹型柜体或适当留空，方便老年人坐姿状态下或乘坐轮椅时使用。

2. 洗手池宜采用三边立围设计防止溢水。台面材质易于清洁。宜采用可拔出式水龙头，方便老年人使用。

3. 有条件的情况下可使用可升降洗手台，灵活调节洗手台高度。

◆ 浴缸/淋浴改造

1. 淋浴间内宜设置淋浴坐台或可折叠座椅；淋浴喷头宜采用高度和角度可调且可手持式的喷头。

2. 针对失能老年人，空间较为局促时宜将淋浴隔断更换为淋浴帘，方便护理人员帮助其沐浴。

◆ 蹲便器改坐便器

宜将蹲便器更换为坐便器，当无法满足时，可设置坐便椅、移动马桶等。

◆ 报警器设置

在坐便器附近设置按钮和拉绳相结合的紧急呼救装置，便于老年人在身体不适或发生安全意外等紧急情况下及时向外界呼救。

图5.7.3　可升降洗面台示例　　图5.7.4　坐便器及扶手示例　　图5.7.5　淋浴间防滑示例　　图5.7.6　淋浴座椅示例

5.8
阳台

阳台除了满足老年人日常的晾晒衣物、储藏等需求之外，也是老年人接触自然与阳光的平台。目前，主要有洗涤晾晒区域未考虑老年人使用安全隐患，生活杂物堆砌等问题，易形成通行障碍，对老年人在阳台的其他活动行为（例如种植、锻炼、阅读、晒太阳等）造成影响。

◆ 更换可升降晾衣杆

设置低位晾衣架或可升降的晾衣装置，相对于传统高处晾衣架更便于老年人日常晾晒衣物。

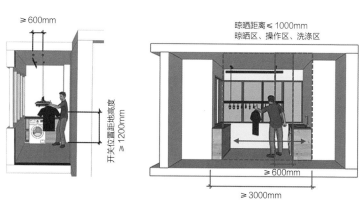

图5.8.1 晾晒区布置示意

图5.8.2 可升降电动晾衣杆示例

中国城市社区居家适老化改造
实施指南
Guidelines for the Renovation of
Age-friendly Residential Buildings and Urban Communities in China

◆ **种植空间**

很多老年人习惯于在阳台种植蔬果花卉，但阳台空间往往比较局促，杂乱的布置植物会对老年人行走、晾晒产生影响。因此在阳台空间适老化改造中，阳台种植空间的布置既应照顾老年人与植物接触的身心感受，同时兼顾空间的合理利用。

种植的布置形式：

在不妨碍老年人日常活动、晾晒、拿放杂物等行为的前提下，通常在近窗位置预留种植空间，以便满足花木的光照需求。通过选择不同的植物布置形式，确保各类绿植适用于相应空间布局。

1.高低植物组合：在不影响视线通透性的前提下，选用高低植物组合，营造视觉层次感。适用于阳台空间较为宽敞的情况。

2.悬挂式植物组合：通过将植物悬挂于高位空间，减少对于老年人日常行走过程中的干扰。适用于较为局促的阳台空间。

3.多层花架组合：为了节省占地空间，将不同高度的花架进行组合，便于老年人日常行走和浇灌植物。

4.收纳柜＋花架组合：可设置低位收纳柜，并基于收纳柜的高度布置绿植的摆放空间，避免给老年人造成行走障碍或绊倒，同时增加储物空间。适用于阳台空间较为局促，而植物光照需求较高的情况。

图5.8.3　阳台种植示例

5.9
智能化应用

智能化改造应从应用智能化单品向营造智慧化场景转变，精准对应老年人需求，为老年人提供家居辅助、安防监控、环境调节、智能控制等服务。通过使用智能设备、物联网技术，从居家生活场景的角度提出综合解决方案。

◆ **智能化设备**

下图为不同类别的智能化服务模块应用于各个空间当中的示意图：

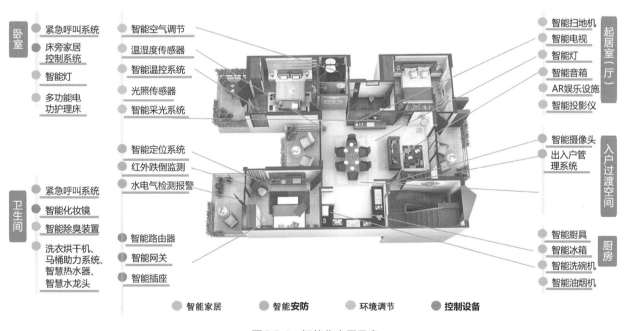

图 5.9.1　智能化应用示意

CHAPTER 6

社区服务设施

城市既有社区服务设施适老化改造主要针对5~15分钟生活圈中与老年人日常生活息息相关的配建设施，包括社区服务站、文化活动站、小型多功能运动场地、室外综合健身场地、老年养护院、日间照料中心（托老所）、卫生服务站、社区商业网点、公共厕所等，应以平衡供需为原则，梳理典型社区在社区服务设施方面的需求，整合社区内部闲置资源与社会需求。具体研究进行方式将结合技术发展与养老服务模式的变化趋势，在设计层面上依据拟建配套设施在功能流线及服务运营方面需求，结合城市既有社区服务设施的特点进行改造提升，保障服务精准化、功能完善化、模式灵活化，方便老年人使用。

```
                    ┌─────────────────────┐
                    │   社区服务设施        │
                    │   适老化改造          │
                    └─────────────────────┘
        ┌───────────────┬───────────┴───────┬───────────────┐
┌───────────────┐ ┌───────────────┐ ┌───────────────┐ ┌───────────────┐
│ 社区养老服务设施 │ │ 社区卫生服务设施 │ │ 社区公共厕所    │ │ 社区便民服务设施 │
│ 适老化改造      │ │ 适老化改造      │ │ 适老化改造      │ │ 适老化改造      │
└───────────────┘ └───────────────┘ └───────────────┘ └───────────────┘
```

图6.0.1　社区服务设施适老化改造

由左至右：
①北京市某社区养老服务设施
②北京市某社区卫生服务中心
③北京市某社区卫生间
④成都市某社区服务设施

6.1
社区养老服务设施

本实施指南中的养老服务设施主要指15分钟生活圈配套设施中的养老院、老年养护院、日间照料中心（托老所）等设施，主要为老年人提供生活照料、文体娱乐、精神慰藉、日间照料、短期托养、康复护理、紧急救援等养老服务。

1. 社区养老服务设施改造分为4个类别，12个改造要素，以满足老年人使用需求为目标，进行标准化、普适性导引。

2. 社区养老服务设施的改造应遵循以下原则：

安全性原则：避免老年人在设施中发生跌倒、碰撞等意外。

易识别性原则：老年人视力、记忆力下降，设施内部标识系统应清晰、明显，符合老年人的认知特点，并具有一定的特点以增强识别性。

可达性原则：完善的无障碍设计，保证老年人到达及使用的便利。

舒适性原则：养老服务设施内各项设施应符合老年人的身体特点，营造温馨的家庭氛围。

3. 各地可因地制宜地确定改造任务清单、标准和支持政策。

社区养老服务设施改造要素　　　　　　　　表6.1.1

板块	类别	要素
社区养老服务设施	室外空间	建筑出入口；无障碍停车位；室外活动场地
	公共活动空间	餐厅；活动用房
	交通空间	走廊；电梯；楼梯；休息空间；标识
	老年人居室空间	起居空间；卫生间

中国城市社区居家适老化改造
实施指南　Guidelines for the Renovation of
Age-friendly Residential Buildings and Urban Communities in China

◆ **室外空间**

> 社区养老服务设施室外空间包括建筑出入口、停车场、活动场地等空间。现有的设施往往出入口缺乏无障碍设施，老年人进出困难；停车位无障碍设计不规范，轮椅老年人难以使用；室外缺乏活动场地或活动场地存在安全隐患等问题，影响老年人使用。

1. 建筑出入口

（1）有条件时，社区养老服务设施宜设平坡出入口，如高差较大时，可同时设置台阶和轮椅坡道，轮椅坡道坡度宜较缓。如设置坡道确实有困难时，可设置台阶和升降平台。

①轮椅坡道宜设计成直线形、直角形或折返形。

②轮椅坡道的坡面应平整、防滑、无反光。坡道铺装材料的选用可根据不同坡度的坡道形成的视觉感受、适用场所进行选择，同时应考虑防滑处理。

③坡道位置和布局结合台阶进行设置，尽可能设在主要活动路线上。坡道两侧设置扶手，坡道与休息平台的扶手保持连贯。坡道起点、终点和中间休息平台的水平长度不小于1.50m。

（2）建筑出入口上方设置雨篷，门前空间设置能够暂时停放包括急救车在内的车辆。

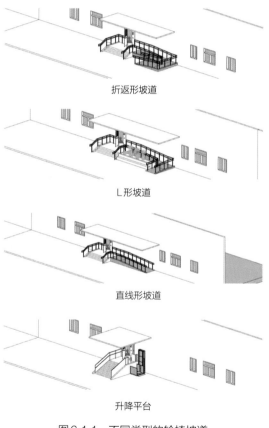

折返形坡道

L形坡道

直线形坡道

升降平台

图6.1.1　不同类型的轮椅坡道

图6.1.2　轮椅坡道示例

图6.1.3　雨篷设置示例

2. 无障碍停车位

社区养老服务设施出入口附近应设置无障碍停车位或无障碍停车落客点，无障碍停车位应有明显的标志。

（1）无障碍机动车停车位应距离建筑出入口行走路线最短、通行方便。

（2）无障碍机动车停车位的地面应平整、防滑。

（3）无障碍机动车停车位一侧，应设置不小于1.20m的通道，供轮椅老年人使用。

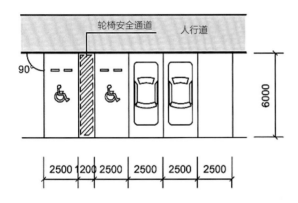

图6.1.4　直角形无障碍停车位

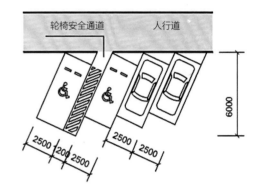

图6.1.5　60°斜角形无障碍停车位

图6.1.6　无障碍停车位示例

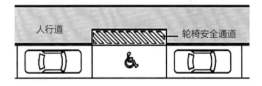

图6.1.7　180°平行式无障碍停车位

中国城市社区居家适老化改造
实施指南 | Guidelines for the Renovation of
Age-friendly Residential Buildings and Urban Communities in China

3. 室外活动场地

社区养老服务设施宜设置室外活动场地，便于老年人日常晒太阳、邻里交流，在用地紧张情况下，可对屋顶进行景观改造。

（1）室外活动场地应日照良好，且有满足老年人室外休闲、健身、娱乐等活动的设施和场地条件。

（2）室外活动场地可设置小型种植池或结合康复景观进行设计。

（3）室外车行流线不宜穿过老年人活动场地。

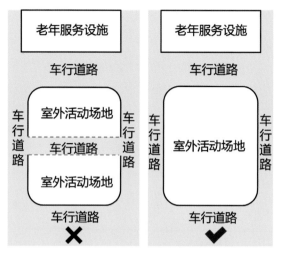

图6.1.8　室外交通场地布置示意

图6.1.9　屋顶种植池示例

图6.1.10　屋顶室外活动场地示例

◆ **室内公共活动空间**

> 社区养老服务设施的活动空间主要包括棋牌室、手工活动室、影音室、书画室、健身室等功能。现有养老设施由于面积有限、缺乏设计等原因存在活动功能单一、活动用房紧张、使用不便等无法满足老年人需求的问题。其适老化改造以保障老年人活动安全和多样化活动需求为目标，包括空间功能、家具设施等内容。

1.活动用房

社区养老服务设施内宜设置健身、棋牌、书画、手工、影音娱乐等活动空间，其空间设计宜满足轮椅通行需求，地面无高差，为老年人提供安全、舒适且多样的活动场所。

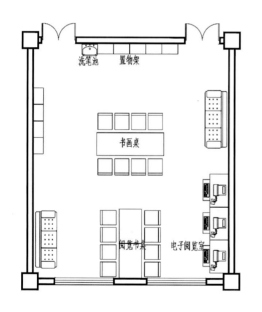

图6.1.11 书画阅览室布置示例

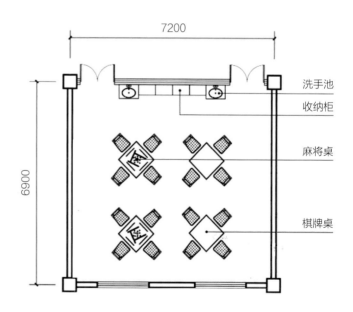

图6.1.12 棋牌室布置示例

中国城市社区居家适老化改造
实施指南 | Guidelines for the Renovation of
Age-friendly Residential Buildings and Urban Communities in China

2. 餐厅

从提高空间利用率，满足老年人表演、观影等聚集性活动的需求出发，可对如餐厅这类就餐时间比较集中的大空间进行多功能利用，通过分时段使用的灵活运营方式，转化空间功能，满足老年人就餐需求的同时提供聚会、观演、表演活动等功能。

社区养老服务设施内餐厅宜满足多功能使用需求，且保障良好的采光和视线，地面不宜有高差，家具宜容易搬动，就餐桌下应保证容膝空间，座椅应有助力扶手和靠背，并应设置低位取餐台和餐具收贮设施。

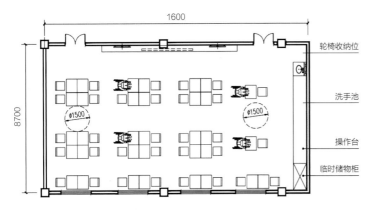

图6.1.13 餐厅就餐模式示意

图6.1.14 餐厅适老化家具示例

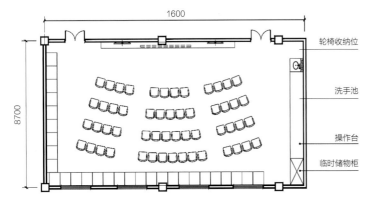

图6.1.15 餐厅多功能使用示意

图6.1.16 餐厅适老化家具示例

◆ **交通空间**

> 社区养老服务设施的交通空间主要包括楼电梯、走廊等区域。根据调研，设施之间无障碍设计差距明显，部分养老设施虽已进行了一定的改造，但仍存在较多问题。如垂直交通难以解决、无障碍设计不当、地面选材不当、标识系统不清晰等，影响老年人的使用安全。

1. 无障碍电梯

当社区养老服务设施为二层及二层以上的建筑时，若无电梯时宜加装电梯，宜至少设置一台医用电梯，且临近紧急出入口。其他电梯应进行如下无障碍改造：

（1）电梯轿厢地面与层站的地面应无高差，电梯及轿厢尺寸宜满足轮椅或助行器的进出要求。

（2）呼叫按钮高度为0.90~1.10m。

（3）候梯厅设电梯运行显示装置和抵达音响。

（4）轿厢的三面壁上设置高0.85~0.90m的扶手。

（5）候梯厅有条件的可设置休息座椅。

图6.1.18 无障碍电梯厅示例

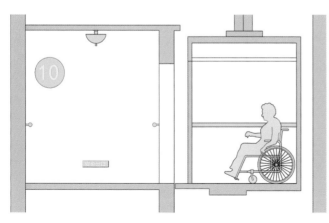

图6.1.17 电梯厅示意

图6.1.19 休息座椅示例

中国城市社区居家适老化改造
实施指南 | Guidelines for the Renovation of
Age-friendly Residential Buildings and Urban Communities in China

2. 走廊

对走廊进行无障碍改造时，应从走廊宽度、防滑、疏散、防碰撞等几方面进行考虑。

（1）走廊应两侧设置扶手，满足不同身体情况的老人使用和轮椅通行需求。

（2）走廊应连续，宜在设施内部形成洄游路线，其地面宜平整、防滑、防眩光。

（3）走廊通道墙面宜平整、光滑，对突出物进行拆除或防碰撞处理，避免老人行走过程中发生碰撞。

图6.1.20　走廊示例

3. 楼梯

对楼梯进行无障碍改造时，应从扶手设置、楼梯踏步等方面进行改造。

（1）扶手宜更换为连续的扶手，满足不同身体情况的使用者使用。

（2）楼梯踏步设置防滑条。楼梯起始处设置明显标识。

图6.1.21　楼梯示例

4. 休息空间

在不妨碍交通的前提下可在走廊、道路尽头处设置休息座椅。

图6.1.22　走廊休息座椅示例

图6.1.23　走廊休息座椅示例

图6.1.24　走廊端头休息座椅示例

中国城市社区居家适老化改造
实施指南 | Guidelines for the Renovation of
Age-friendly Residential Buildings and Urban Communities in China

5. 标识

（1）公共空间宜设置系统、连贯、清晰，且符合老年人认知特点的标识。标识系统可通过醒目的颜色、图案等元素增加可识别性。

（2）在老年人房间设置个性化装饰，如在老年人房门外设置展台，方便老年人放置个人物品进行展示的同时也增强房间的可识别性。

图6.1.25　地面标识示例

图6.1.26　活动空间个性化装饰示例

图6.1.27　房间展台示例

图6.1.28　地面标识示例

图6.1.29　楼梯间标识示例

◆ **老年人居室空间**

老年人居室以满足居住需求为主，其房间宜包括短期储藏、休息、娱乐等功能，现有社区养老设施居室空间存在分类不清晰，不满足不同身体状态老年人的使用需求；居室机构感较强，缺乏居家氛围；卫生间无障碍设计不足等问题。

1. 居住空间

（1）老年人居室宜根据不同身体状态老年人的需求提供不同的室内空间设计，如护理老年人使用的居室应保障护理床的出入，并设置护理老年人洗浴用房，失智老年人房间布置便于老年人识别与使用。

（2）社区养老设施的老年人居室空间应考虑包括轮椅在内的多种助行设备的通行及回转等使用情况，当空间局促无法实现时，宜尽量通过流线的设计确保使用方便。

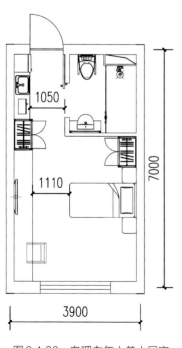

图6.1.30 自理老年人单人居室布置示意

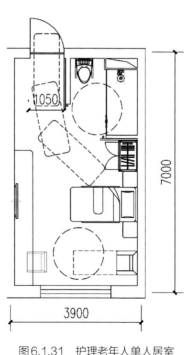

图6.1.31 护理老年人单人居室布置示意

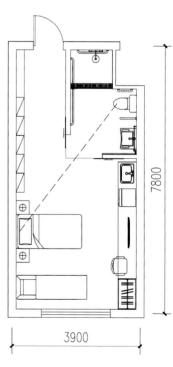

图6.1.32 失智老年人单人居室布置示意

中国城市社区居家适老化改造
实施指南 Guidelines for the Renovation of
Age-friendly Residential Buildings and Urban Communities in China

（3）居室空间宜温馨、舒适，整体色调以暖色调为主，房间内可留一定的空间便于老年人摆放一些自己的家具，营造居家化的氛围。

（4）结合老年人身体特点，选用轻便且稳定的家具，方便老年人挪动。

2. 卫生间

卫生间内的空间尺度应满足轮椅使用和护理需求，洗手池下方可留有一定空间方便老年人坐姿洗漱。考虑到老年人不同的身体状态，宜在洗手池、马桶、淋浴等空间设置扶手和应急呼救装置。

图6.1.33　老年人居室色彩示例

图6.1.34　适老化家具示例

图6.1.35　盥洗空间示例

图6.1.36　如厕空间示例

图6.1.37　老年人自带物品示例

6.2
社区卫生服务设施

社区卫生服务设施主要包括社区卫生服务中心和社区卫生服务站，是老年人在社区中获得医疗服务的主要机构。其适老化改造应着重于为老年人提供便捷的就医环境，针对老年人日常健康服务提供康复、中医理疗等内容。

1. 社区卫生服务设施改造分为3个类别，5个改造要素，以满足老年人使用需求为目标，进行标准化、普适性导引。

2. 社区卫生服务设施的改造应遵循以下原则：

安全性原则：避免老年人在设施中发生跌倒、碰撞等意外。

易识别性原则：老年人视力、记忆力下降，设施内部标识系统应清晰、明显，符合老年人的认知特点，并具有一定的特点以增强识别性。

可达性原则：完善的无障碍设计，保证老年人到达及使用的便利。

便捷性原则：社区卫生服务设施内宜提供老年人专科、免费体验、健康讲堂等功能服务，改善老年人的使用体验。

3. 各地可因地制宜地确定改造任务清单、标准和支持政策。

社区卫生服务设施改造要素   表6.2.1

板块	类别	要素
社区卫生 服务设施	医疗服务空间	医疗空间；候诊空间
	卫生间	无障碍厕位
	交通空间	电梯；走廊

中国城市社区居家适老化改造
实施指南　Guidelines for the Renovation of
Age-friendly Residential Buildings and Urban Communities in China

◆ **医疗服务空间**

　　医疗服务空间包括挂号处、缴费处、取药处、导医台等服务接待处以及等候大厅等区域，当前的候诊空间和就诊空间存在较大的不适老问题，如缺少低位服务设施、等候区缺少休息座椅等，给老年人就医带来了不便。

1. 候诊空间

（1）挂号处、缴费处、取药处、导医台和住院处等服务接待处设置具有容膝空间的低位服务台。

（2）在挂号、候诊、取药等区域设置座椅，在取报告处设置文字显示器和语音提示装置。

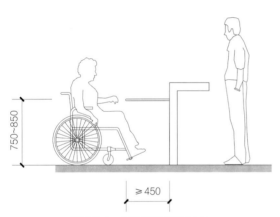

图6.2.1　低位服务设施示意

图6.2.2　低位服务设施示例

图6.2.3　挂号大厅座椅示例

图6.2.4　取药处等候座椅示例

2. 医疗空间

满足老年人日常调理、康复需求的功能空间应包括以下功能：

（1）空间不宜过小，宜包含物理康复、理疗康复、中医针灸推拿等功能。

（2）配置康复器械、适老化康复设备等。

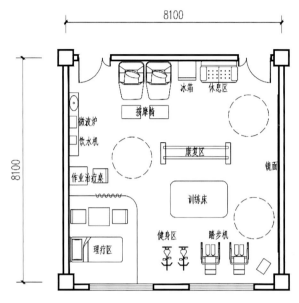

图6.2.5　物理康复科室

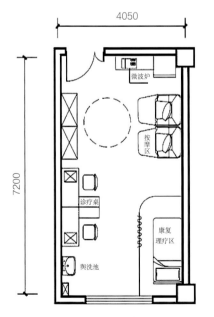

图6.2.6　理疗康复科室

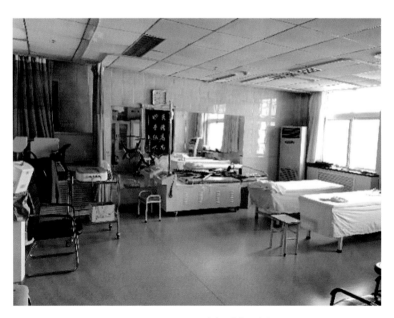

图6.2.7　康复科室示例

中国城市社区居家适老化改造
实施指南 | Guidelines for the Renovation of
Age-friendly Residential Buildings and Urban Communities in China

◆ 交通空间

> 交通空间包括走廊、楼电梯等区域。主要存在轮椅通行不便、缺少扶手、地面存在高差、就医指示不清晰、地面材料选择不当等问题，给老年人在通行、就医流程上带来了困难。

1. 电梯

二层及以上的社区卫生服务站宜设置无障碍电梯，满足轮椅使用需求。候梯厅内无障碍电梯及低位呼叫按钮前应设置无障碍引导标识。

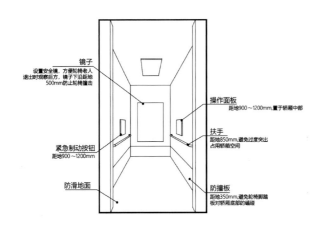

镜子
设置安全镜，方便轮椅老人
退出时观察后方，镜子下沿距地
500mm防止轮椅撞击

操作面板
距地900～1200mm，置于轿厢中部

扶手
距地850mm，避免过度突出
占用轿厢空间

紧急制动按钮
距地900～1200mm

防滑地面

防撞板
距地350mm，避免轮椅脚踏
板对轿厢底部的磕碰

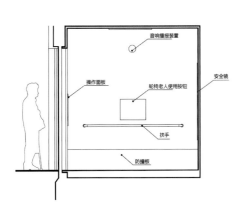

音响播报装置

操作面板

轮椅老人使用按钮

安全镜

扶手

防撞板

图6.2.8　电梯内无障碍设计要点

图6.2.9　无障碍电梯厅示意

2. 走廊

（1）室内通道为无障碍通道并设置清晰的就医标识，走廊两侧设置连续扶手，扶手高度为800~900mm。

（2）地面平整、防滑、防眩光，可在高差处设置坡道和扶手，采用PVC、防滑地砖等材料。

（3）有条件的可在走廊设置等候座椅。

图6.2.10　清晰的就医标识示例

图6.2.11　高差处坡道示例

图6.2.12　走廊处设置座椅及扶手示例

中国城市社区居家适老化改造
实施指南 | Guidelines for the Renovation of
Age-friendly Residential Buildings and Urban Communities in China

◆ 卫生间

> 卫生间是社区卫生服务设施的重要辅助空间。主要存在的问题是，缺少安全扶手容易使老年人在如厕起坐时发生意外，特别是当老年人输液或需要看护人共同陪护如厕时，缺少无障碍卫生间对老年人使用卫生间造成不便。

1. 首层应至少设置1处无障碍卫生间，各楼层厕所宜至少设置1个无障碍厕位或无性别卫生间，方便患者和陪护人员共同使用。

2. 卫生间的无障碍厕位（包括一般厕位）内应设置安全扶手、医用吊瓶挂杆、拐杖（盲杖）放置支架和物品放置台。

3. 无障碍卫生间内洗手台下部宜留出一定的空间，供轮椅患者使用。

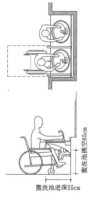

图6.2.13　卫生间洗手池设置示例

图6.2.14　卫生间示例

6.3
社区公共厕所

社区公共厕所主要包括社区内的独立式、附属式公共厕所。老年人由于身体机能的下降，室外环境配置近便、无障碍的公共卫生间十分必要。

1.社区公共厕所改造分为2个类别，5个改造要素，以满足老年人使用需求为目标，进行标准化、普适性导引。

2.社区公共厕所的改造应遵循以下原则：

可达性原则：完善的无障碍设计，保证老年人到达及使用的便利。

3.各地可因地制宜地确定改造任务清单、标准和支持政策。

社区公共厕所改造要素 表6.3.1

板块	类别	要素
社区公共厕所	交通空间	出入口；标识
	卫生间	无障碍厕位；无障碍洗手池；无障碍小便器

◆ **公共厕所**

> 社区公共厕所主要存在公共厕所数量不足、出入口缺乏无障碍设施、轮椅难以进入、卫生间无法满足轮椅等问题，宜就近设置在社区的人流集中处，或结合配套设施及室外综合健身场地设置，便于老年人在室外活动时就近如厕。

1. 交通空间

（1）出入口应进行无障碍改造，尽量利用缓坡消除高差并设置扶手。

（2）在通往公共厕所的道路上应有明确的标识。

2. 卫生间

（1）公共厕所宜包括至少1个无障碍厕位和无障碍洗手池，男厕所宜包括至少1个无障碍小便器。

（2）无障碍厕位应有安全扶手和应急呼救按钮，且通道宜方便轮椅老人通行和回转，门宜方便开启，地面应防滑、不积水。

（3）在两层及以上的公共厕所中，宜在地面层设置无障碍厕位。

图6.3.3 无障碍卫生间出入口示例

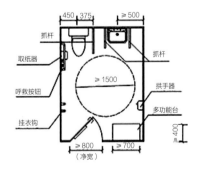

图6.3.1 无障碍卫生间设计示意

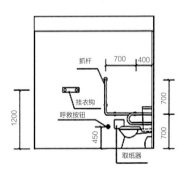

图6.3.2 无障碍卫生间设计示意

图6.3.4 无障碍卫生间示例

6.4
社区便民服务设施

社区的便民配套设施包括社区服务站、社区食堂、文化活动站、超市、物业管理、商店、银行、邮局等为居民服务的设施。

1. 社区便民服务设施的适老化改造主要分为2个类别，包括6个要素，以满足提高老年人的可达性为目标，进行标准化、普适性导引。

2. 社区便民服务设施的改造应遵循以下原则：

易识别性原则：老年人视力、记忆力下降，设施内部标识系统应清晰、明显，符合老年人的认知特点。

可达性原则：完善的无障碍设计，保证老年人到达及使用的便利。

3. 各地可因地制宜地确定改造任务清单、标准和支持政策。

社区便民服务设施改造要素 表6.4.1

板块	类别	要素
社区便民服务设施	交通空间	建筑出入口；轮椅租赁处；楼电梯；标识
	建筑界面	建筑立面；开放空间

中国城市社区居家适老化改造
实施指南
Guidelines for the Renovation of
Age-friendly Residential Buildings and Urban Communities in China

◆ **社区便民服务设施**

> 社区便民服务设施包括社区便民消费服务中心、社区服务站、社区食堂、便利店等设施。这类设施主要存在出入口缺乏无障碍设施、缺少轮椅、助行器租赁空间、标识系统不清晰等问题。其适老化改造应尽量提升设施的可达性，方便老年人的使用。

1. 交通空间

（1）建筑主要出入口应进行无障碍改造，满足老年人使用的需要。

（2）多层建筑宜至少设置1部电梯。

（3）门厅处宜提供轮椅、助行器、货运架等租赁服务。

图6.4.1 社区食堂出入口示例

图6.4.2 轮椅、助行器租赁空间示例

图6.4.3 社区服务站出入口示例

（4）社区便民服务设施应有完善的标识设计。

①在建筑主要出入口处设置明显的标识。

②在建筑内部卫生间、电梯、楼梯等主要交通空间和应急功能空间的流线上设置明显的标识指示牌。

③在高差变化处设置提醒标识。

图6.4.4　服务设施标识示例

图6.4.5　高差标识示例

图6.4.6　交通标识示例

图6.4.7　卫生标识示例

中国城市社区居家适老化改造
实施指南 Guidelines for the Renovation of
Age-friendly Residential Buildings and Urban Communities in China

> 目前的社区便民服务设施如社区服务站、社区活动中心、咖啡馆等，其建筑界面较为封闭，对老年人缺乏吸引力，影响了老年人的使用，也不利于各个年龄段之间的沟通和交流。

2.建筑界面

（1）建筑立面设计时可适当采用大面积的开口与门窗设计提高建筑开放性。

（2）在建筑外设置灰空间，如室外活动空间、座椅等供休憩使用。

（3）服务设施的风格设计可结合不同年龄段人群的喜好，促进多代际交融。

图6.4.8　服务设施开放式界面示例

CHAPTER 7

特色空间改造指引

7.1
公共空间特色改造

　　随着全龄化设计理念的不断深化，营造老年人与儿童互助共生"老幼共融"的社区环境成为新的趋势。在适老化改造中应强调共享性，营造以功能复合为原则的参与性共享空间以及以空间置换为原则的看护型共享空间，并从功能、空间、环境、设施等方面进行整体性规划。

图7.1.1　公共空间特色改造

由左至右：
①、②杭州市某社区室外特色空间

◆ **融入社区现代生活文化**

强化社区文化，打造社区日常交流活动空间，营造多元文化场景，满足市民精神层面追求，丰富市民文化体验。采用景观标识介绍社区故事、融入社区文化，加强共治共享，强化社区认同。

设计要点：

1. 结合街道开敞空间，设置社区活动场所，以社区客厅或室外咖啡厅的形式，构建开放的、可交流的社区活动场所。

2. 通过民俗元素小品、灯光设计、多媒体展示等景观标识，提供可互动参与的街头设施，为社区居民营造丰富的文化体验。

3. 在重要的节庆日，利用街道空间进行临时性艺术展览、社区文艺演出、公共行为艺术活动等，为社区精神凝聚营造氛围。

杭州市某小区家风家训主题广场

上海市某社区室外公共卫生间改造

上海市某社区室外特色空间改造

上海市某社区家风家训主题空间改造

上海市某社区休憩空间适老化改造

图7.1.2 融入社区现代生活文化

中国城市社区居家适老化改造
实施指南 | Guidelines for the Renovation of
Age-friendly Residential Buildings and Urban Communities in China

◆ **体现特殊群体人文关怀**

社区的公共空间，应考虑老年、儿童、孕妇及其他残障人士人文关怀。从使用者的需求出发，提供心理的安全感与身体的安全保障。为不同人群提供文娱设施及主题活动场所，完善社区组织，营造美好、有活力的公共空间环境。

设计要点：

1. 营造人性化且具有特色的主题性居民交流空间。

2. 可通过活动空间的交替组织和融合设置看护型共享空间，使儿童在老年人的监护下玩耍，同时满足老、幼各自与同龄人的聚集活动。

3. 保证视线通透，营造宽松的步行空间、渗透的视线景观。

4. 设置安全方便的步行系统、丰富的休憩设施、连接居住和活动空间的连廊。

5. 通过设置种植、培育、收获等环节，实现社区公共空间的"共建""共营""共享"，使老年、儿童、孕妇及其他残障人士都能获取空间参与感、体验感、喜悦感。

上海市某小区室外公共空间步行道

北京市某小区室外环境适老化改造照明系统　　老年及残疾人出行无障碍示意　　北京市某小区室外种植池示例

图7.1.3　体现特殊群体人文关怀

7.2
文化艺术特色改造

　　公共空间是社区最基本的公共产品，是社区居民关系最为密切的公共活动场所，也是社区历史、文化重要的空间载体。在适老化改造中应突出社区历史沿革与特色主题，避免千篇一律，构建多元文化场景和特色文化载体，在城市历史传承与嬗变中留下绿色文化的鲜明烙印，以美育人、以文化人。

图 7.2.1　文化艺术特色改造

由左至右：
①杭州市某社区大事纪念墙
②杭州市某社区外立面改造
③上海市某社区文化广场改造

中国城市社区居家适老化改造
实施指南 | Guidelines for the Renovation of
Age-friendly Residential Buildings and Urban Communities in China

◆ **传承历史空间特征**

通过挖掘老旧社区的发展历史、地域特点、特色建筑、文化共识等元素，融入社区微改造设计，塑造各具特色的社区文化，增进居民对社区的认同感、归属感和自豪感，形成浓厚的社区文化艺术氛围。

设计要点：

1. 注重保护社区公共空间历史肌理，有条件可恢复具有重要价值的历史空间景观。

2. 在社区改造中，充分为历史建筑、古树古木预留空间。

3. 以追寻历史记忆、保护历史建筑作为基本原则，留存老物件、保护老建筑，最大限度保留和恢复历史原貌。

4. 建筑风格上强化公共空间风貌特色，保留和延续传统建筑风格特征要素。

图7.2.2　传承历史空间特征

由左至右：
①杭州市某社区记忆墙
②北京市某社区外立面改造
③广州市某社区文化广场改造

◆ **延续特色文化内涵**

通过社区景观风貌塑造，保留和延续传统建筑风格特征要素，新建、改建景观要素应尽量与传统建筑协调，展现地域景观风貌特征。构建文化标识与景观体系，强化市民对传统文化与现代新兴文化的感受感知。

设计要点：

1. 通过社区景观风貌塑造，展现独特景观风貌特征。

2. 在座椅、廊亭等休闲设施设计中，融入文化内涵的展示，多方式的传达文化感知。

3. 宜将抽象化文化元素以图形、符号、文字等形式展示在地面铺装上，展现城市的文化与活力。

4. 通过丰富多样的标识系统，传达历史文化渊源、介绍民俗文化和生活的发展，促进创意文化的碰撞与推广。

5. 通过公共艺术品的布置，还原历史故事场景，展现民间艺术的风俗生活体验，通过富有冲击力的雕塑小品激发创意活动，引导大众的美学品位。

图7.2.3　延续特色文化内涵

由左至右：
①成都市宽窄巷子互动景观小品
②杭州市某社区文化小火车墙绘

做法示意：

移除灌木

移除易滋生蚊虫鼠害的灌木，利用草坪与硬质铺地的组合为活动空间提供可达性。

休憩设施

设置充足的休闲座椅，方便居民休息交往、照看儿童。

游戏设施

为儿童提供多样化的游戏场所。

健身设施

设置健身跑道与健身器材的组合，满足全龄段的日常活动需求。

补植苗木

将场地设计为带状休憩花园。中间布置慢行道，临路与临建筑一侧种植组团式苗木。

健身步道

中心花园中设置卵石步道，居民可游可赏，增添人亲近自然的乐趣，放松身心。

休憩设施

路两侧与种植池结合坐凳设置，且种植池高低错落富有韵律，变化丰富。

围护设施

利用绿篱、栅栏限定活动区域，分流人车，提高安全性与领域感。

ACKNOWLE PGEMENT | 致　谢

　　书稿终告段落，掩卷思量，饮水思源，在此谨表达自身的殷切期许与拳拳谢意。与所有科研创新成果一样，《中国城市社区居家适老化改造实施指南》要求著者具有较强的学科功底与整合能力，在著书过程中，作者深刻感觉"学无止境"与"力有不逮"的压力，应该说没有各位领导、专家、老师的大力支持，本书不可能付梓，现一并致谢。

　　首先要感谢参与本书编写工作的全体团队成员，包括中国建筑设计研究院适老建筑实验室的科研人员以及长期从事养老行业相关研究与实践的规划师、建筑师、工程师、景观设计师们。其中，中国建筑设计研究院适老建筑实验室主任王羽作为本书的总撰写人，负责图书内容策划、团队成员组织、编写进度控制、稿件质量管理等方面工作。金洋、土玥、王祎然、赫宸、余漾分别担任各章节负责人，积极推进编写工作。参与各章节编写工作的人员还包括张哲、刘浏、尚婷婷、马哲雪、苏金昊、张雨婷等。此外，中国建筑设计研究院有限公司总图市政设计研究院副院长李跃飞等人也提供了相关领域的技术支持，为本项目的顺利执行提供了无私帮助。本书是编写团队全体成员集体智慧的结晶，本书实施的出版面世是对他们长达一年多的艰辛努力地最大肯定。

　　感谢项目执行单位住房和城乡建设部标准定额司精准的方向指引以及项目管理咨询机构住房和城乡建设部科技与产业化发展中心在项目执行过程中详细的流程把控，让本实施指南在疫情背景下能保质保量地有序推进并顺利出版。

　　本书撰写离不开众多特色鲜活的改造案例，在此感谢本书编制中所调研社区工作人员对社区居家适老化改造需求调研的积极参与。本书所用案例大部分来自于中国建筑设计研究院有限公司多年以来在设计与科研上的项目积累，这凝聚着中国院人的智慧与创新精华。同时感谢并行课题组清华大学和中国中建设计集团有限公司的相互配合，这给书籍撰写带来了巨大帮助与启发。

感谢本书编写过程中给予指导意见和建议的专家们，包括各大高校的教授：清华大学周燕珉教授、北京工业大学胡惠琴教授等，几位老师丰富的理论积累为本书实施策略的优化提出了宝贵建议；各大设计院的建筑师、工程师、规划师：中国建筑设计研究院有限公司顾问总建筑师刘燕辉、中国建筑设计研究院有限公司顾问总工程师林建平、中国建筑设计研究院有限公司国家住宅与居住环境工程技术研究中心主任张磊、中国城市规划设计研究院副处长鹿勤等，他们长期以来在适老环境规划设计方面的积累从实践的角度为本书实施策略的落地提供了技术指引；从事宏观经济学、生物医学、社会学、教育学等各大研究机构、协会的研究人员：国家发改委宏观经济研究院研究员顾严、北京航空航天大学研究员陶春静、中国老龄科学研究中心研究员伍小兰、中国健康教育中心研究员程玉兰等，专家们的反复评议与审核，让本书更具实际指导意义。

一个阶段的结束又是另一个阶段的开始，我国居家适老化改造之路还很长，编写组会继续努力创作出更多更好的作品，为老年宜居环境的发展建设和广大老年人的生活福祉贡献力量。

编写组

2021 年 12 月于北京